U0238530

高产

饲养技术

第二版

曲绪仙　赵　鲲　主编

中国农业出版社

图书在版编目（CIP）数据

高产奶牛饲养技术 / 曲绪仙，赵鲲主编 . —2 版
. —北京：中国农业出版社，2013.9
（最受养殖户欢迎的精品图书）
ISBN 978 - 7 - 109 - 18231 - 8

Ⅰ.①高… Ⅱ.①曲… ②赵… Ⅲ.①乳牛-饲养管
理 Ⅳ.①S823.9

中国版本图书馆 CIP 数据核字（2013）第 192148 号

中国农业出版社出版
（北京市朝阳区农展馆北路 2 号）
（邮政编码 100125）
责任编辑　雷春寅

中国农业出版社印刷厂印刷　新华书店北京发行所发行
2014 年 1 月第 2 版　2014 年 1 月第 2 版北京第 1 次印刷

开本：850mm×1168mm　1/32　印张：7.625
字数：190 千字
定价：19.00 元
（凡本版图书出现印刷、装订错误，请向出版社发行部调换）

第二版编写人员

主　　编：曲绪仙　赵　鲲

副 主 编：张思聪　王中华　聂克平

编写人员（按姓名笔画为序）：

马明星　王云洲　王中华　曲绪仙

刘庆贤　刘珊珊　孙国强　杜兰荣

李建斌　李荣岭　杨在宾　杨宏军

张思聪　赵　鲲　聂克平　曹国华

主　　审：吴乃科

第一版编写人员

主　　编： 牛树田

副 主 编： 张澄元　曲绪仙　张思聪

编写人员（按姓名笔画为序）：

马明星　王中华　王云洲　王选芳

牛树田　曲绪仙　孙国强　李国升

李　静　张思聪　张澄元　杨在宾

杨通广　赵　胜　陶开宇　曹国华

主　　审： 吴乃科

第二版出版说明

　　《高产奶牛饲养技术》自 2001 年第一版出版以来，历经 8 次印刷，受到广大读者的普遍欢迎，总印数约 8 万册。近 10 年来，中国的奶牛养殖业快速发展，奶牛养殖技术和养殖观念也发展迅速，书中的一些观点和技术已经不适应现代奶牛养殖发展需要。

　　因此，我们组织了部分专家对本书进行了修订。增加了全混合日粮（TMR）饲喂、奶牛体型鉴定等内容，对奶牛选配、犊牛饲喂、挤奶厅、管理散栏牛舍等章节进行了补充和完善。删去了错误的用药方法，增加了最新的实用养殖技术。但由于编者水平有限，恐难尽如人意，敬请同仁们批评指正。

第一版序

山东省畜牧办公室主任　慕永太

奶业是现代畜牧业的重要内容。奶牛业在畜牧业中是新兴产业，从饲养实践、饲养理论到饲养的组织形式，目前都处于探索阶段。加快饲养示范，加快饲养理论的概括总结，加快饲养技术的指导培训，加快饲养组织形式的试验示范，是畜牧工作者的重要任务。

山东奶牛饲养技术培训中心和中英山东奶业培训咨询中心组织科技人员编写的《高产奶牛饲养技术》一书，既有一定的理论基础，又有较强的可操作性。该书的出版对提高奶牛饲养业的水平，将起到积极的作用。

祝贺该书出版，希望该书不断完善。

目录

第一章
优良奶牛的选择与选配

一、优良奶牛的选择技术

奶牛的生产性能，因品种、个体及其年龄等不同而有很大差异。在购买奶牛时，首先是详细查阅其生产记录和系谱，这是选择牛只最简单而又可靠的方法，但实际生产中，我国目前有好多奶牛没有建立档案，或档案不完整，这样就得通过严格的外貌鉴定来进行筛选。

（一）品种选择

中国荷斯坦牛（中国黑白花奶牛，1992 年更名），是目前我国唯一的专用奶牛品种。

生产性能：一胎 305 天产奶量 5 300 kg，三胎 305 天产奶量 5 700 kg。良种登记种的母牛第一、二、三胎产奶量分别达到 7 000 kg、8 000 kg、9 000 kg 以上，总平均在 8 000 kg 以上。平均乳脂率为 3.4%。日增重，犊牛阶段为 711 g，育成阶段为 650 g，18 月龄为 400 g。

外貌特征：毛色为黑白相间，花片分明，额部多有白斑，腹底、四肢下部及尾端呈白色。有角，角由两侧向前向内弯曲，色蜡黄、角尖黑色，尻部平、方、宽，乳房发育良好，整体结构匀称。成年母牛体高 135 cm，体长 160 cm，胸围 200 cm，管围

19.5 cm，体重 600 kg。

中国荷斯坦牛与地方黄牛杂交，毛色呈显性，即杂交后代均呈现黑白花，选择时应注意其体型、大小及其毛色区域分布。要知道，改良牛尤其是改良程度差的牛，虽然已比当地黄牛有所改进，但产奶量依然很低。

（二）外貌评价

在没有档案材料的情况下，通过外貌鉴定进行选择是必要的。当然鉴定者要有丰富的经验，知道什么体型的牛产奶能力强。

整体上看，"奶牛型"特征是：后躯比前躯发达，其侧望、俯望、前望的轮廓均趋于三角形。被毛细短而具光泽，皮薄、致密而有弹性。骨骼细致而坚实，关节明显而健壮，筋腱分明，肌肉发育适度，皮下脂肪少，血管显露。体态清秀优美。

改良程度差的牛"奶牛型"体征不明显，且体型往往偏小。

从局部看，好的奶牛应具有以下特征：头较小而狭长，表现清秀。颈狭长而较薄，颈侧多纵行皱纹。胸部发育良好，肋长，适度扩张，肋骨斜向后方伸展。背腰平直，腹大而深，腹底线从胸后沿浅弧形向后伸延，至腰部下方向上收缩。草腹及犬腹牛体质差。尾细，毛长，尾帚过飞节。四肢端正，结实。蹄质坚实，两后肢距离较宽。尻长、平、方、宽，腰角显露。

乳房是母牛泌乳的重要器官，好的乳房特征是：外形上看，呈浴盆形，体积大，前部向腹下延伸，超过腰角的前缘向地面所作的垂线，后部则充满于两股间且突出于躯干后方。附着良好，要求底部略高于从飞节向前作的水平线。四个乳区发育均匀对称。乳头长度 6～8 cm，呈圆柱形，垂直向下，松紧度适中，不得漏乳，挤奶时排乳速度快。

乳房的内部构造，以腺体组织为主构成，挤奶前后体积变化很大。外观，皮薄，被毛稀短，血管显露。

乳静脉粗大、明显、弯曲、分枝多，是泌乳性能较高的特征。乳井是乳静脉在第 8～9 肋骨下方通过腹壁的孔道，高产奶牛乳井大而深。乳镜是乳房后面沿会阴向上夹于两后肢之间的稀毛区，高产牛乳镜宽大。

悬垂乳房、山羊乳房、肉乳房均属畸形乳房。肉乳房体积大，呈球形，内部构造异常，以结缔组织和脂肪组织为主构成，挤奶前后体积变化小，产奶量低，生产中应该淘汰。

购买牛只，根据希望其产奶的时间，可购买育成母牛、育成牛或犊牛。

买进已达配种年龄的育成母牛，是开始建立牛群最普通的方法。买进犊牛所需的费用少，但达到产奶所需时间较长。犊牛及育成牛的质量，要通过其母亲的生产性能及其父亲的遗传能力的记录资料和本身体重、体型发育情况判定。犊牛要求生长发育在一般水平以上（如初生重 38 kg 以上）。对于育成母牛，虽不能过分强调乳房的大小和腹部容积，但要求乳房皮肤松软而多皱褶，乳头大小适中，分布均匀。腹部具有一定容积，胸部肋骨开张，尻部及背部平直。由于犊牛、育成牛正处于生长发育阶段，通过外貌难以准确判定，所以犊牛、育成牛最好从有可靠资料的规模化牛场购买，而不宜从散户中收购。

购进母牛，应根据其外貌、生产性能，结合其发展潜力和利用年限进行综合评价。因为奶牛的泌乳能力随年龄和胎次的增加而发生变化，且呈现一定的规律：初产母牛，由于本身尚在生长发育阶段，所以产奶量较低，约相当于其最高胎次产奶量的 60％～70％；以后产奶量逐渐增加，第二胎达到 70％～80％，第三胎达到 90％～95％；待到 6～9 岁、第四至五胎时，产奶量达一生中的高峰；10 岁以后，由于机体逐渐衰老，产奶量又逐渐下降。

（三）年龄判断

购牛时，准确的年龄鉴定，不仅可以确定奶牛的利用潜力和年限，而且可通过奶牛年龄与胎次的对应关系，判断其繁殖性能好坏。如正常情况下，3岁第一胎，以后每年一犊，即胎次与年龄之间关系是：年龄＝胎次＋2，如差别太大，如6岁牛只有2胎，则说明该牛有过空怀现象，可能存在繁殖障碍。

奶牛年龄鉴定最准确的方法是根据其档案记录，如98013号奶牛，是1998年出生的奶牛，其年龄显而易见。在缺乏档案资料时，则需看牛的牙齿和角轮来判断年龄。

1. 根据牙齿鉴别年龄

（1）牙齿的种类、数目和齿式　牛的牙齿随着出生的先后分为乳齿和永久齿（恒齿）。乳门齿小而洁白，齿间有空隙，表面平坦，齿薄而细致，有明显的齿颈。长到一定的年龄就脱换为永久齿。乳齿一共10对20枚，无后臼齿，其齿式：$2\times$（门齿0/4，犬齿0/0，前臼齿3/3）＝20。永久门齿的外形比较大而粗壮，齿冠长而排列整齐，齿间无空隙，齿根呈棕黄色，齿冠色白带微黄，远不如乳齿洁白与细致，故容易辨认。永久齿一共16对32枚，其齿式：$2\times$（门齿0/4，犬齿0/0，前臼齿3/3，后臼齿3/3）＝32。

牛上颚无门齿，鉴别年龄时主要看下颚的4对门齿。中间1对门齿称为钳齿，其两侧的1对称内中间齿，再次1对称外中间齿，最边上的1对称隅齿。臼齿有前、后臼齿之分，每侧各3对，无特殊名称，大多用牙齿的对数依次命名。

（2）鉴别的依据和方法　按牙齿鉴别牛的年龄，主要依据门齿的发生、脱换和磨蚀形状等规律性的变化。一般犊牛出生时已长有1～2对乳门齿，3～4月龄乳门齿发育完全，4～5月龄乳齿面逐渐磨损，磨损到一定程度乳门齿开始脱落换生永久齿。更换的顺序是从钳齿开始，最后及于隅齿。当门齿换齐时，又逐渐磨损。所以，由门齿的更换和磨损，就可以较准确地判断奶牛的年龄。

牛的门齿从中间到两侧，其脱换时间相差1年，故外侧1对牙齿的形状变化比中间牙齿晚1年，但规律是一致的。

门齿更换齐全称为"齐口"。奶牛齐口的年龄为5岁。齐口以前，牛的年龄鉴定方法概括为："一岁半，一对牙；二岁半，二对牙；三岁半，三对牙；四岁半，四对牙。"即钳齿1.5岁开始脱换，呈现1对永久齿。一般长齐需半年，即2岁长齐。其外侧1对牙齿分别晚1年脱换。也可用"永久门齿的对数＋1＝年龄"的方法判断。

齐口以后的年龄主要依据永久门齿的齿面磨蚀情况来判断。

齿面形状的变化规律是：初为长方形或横椭圆形，随着磨蚀程度加深，逐步由长方形先后向三角形、四边形或不等边形和圆形过渡。每一个形状变化需1年时间，即钳齿6岁呈长方形，7岁呈三角形，8岁呈四边形或不等边形，9岁呈现圆形。其余各对门齿分别比中间1对晚1年呈现上述规律性变化。

10岁以后，牛的钳齿齿髓腔暴露，即出现齿星。内中间齿、外中间齿、隔齿分别在11、12、13岁出现齿星。再往后，齿面圆形纵径加大，终成卵圆形，年龄在13岁以上，统称老牛，不再鉴定。

为便于记忆，奶牛的年龄鉴别方法可概括为口诀：

"2、3、4、5看牙换，

6、7、8、9看磨面，

10、11、12、13看珠点"。

鉴定时，鉴定人员站立于被鉴定牛只头部左侧附近，用徒手或鼻钳法捉住牛鼻。左手握住牛鼻中隔最薄处（鼻软骨前缘），顺手抬举头，使呈水平状态。随后，迅速以右手插入牛的左侧口角，通过无齿区，将牛舌抓住，顺手一扭。用拇指尖顶住上颚，其余四指握住牛舌，并拉向左口角外。然后检查牛门齿变化情况，按判定标准衡量牛的年龄。

2. 根据角轮鉴别 按照奶牛的生产规律，正常情况下，每年只有一个胎次，出现一个泌乳高峰，即明显的角轮数只有一个。奶牛初配的时间一般在18月龄，故第一个泌乳高峰在3岁左右，在3岁出现第一个角轮，因此，奶牛的年龄与角轮之间的换算关系就是：奶牛的年龄＝角轮数＋2。

由于形成角轮的原因比较复杂，常使角轮分辨不清，确实数目难以计算，故此法判定年龄的准确性不高。但根据角轮的形状和数目，可反应出奶牛的泌乳能力，如角轮清晰，说明产奶量高；角轮模糊或角轮数少，说明该牛有空怀现象或产奶量低，都说明其生产力低下。

（四）健康检查

优良的品种、良好的体型外貌、合适的年龄是奶牛选择的大前提，是必要条件，而健康就是充分条件，只有二者同时具备，才是我们要选的理想个体。

健康检查应力求细致，主要包括以下内容：

（1）精神状态检查　奶牛的神经类型属于活泼的类型，对外界反应灵敏，眼神明亮有神、温和。反应迟钝或过于凶猛的个体均不理想。

（2）采食能力检查　检查牙齿的结构是否良好，要求口方大，口裂深。上、下唇对齐，坚强有力，用手触摸，无硬块，更不得有疼痛感。

（3）消化状况检查　要求腹腔发育适度，体膘不得过于消瘦，被毛光亮，同时注意观察其粪便的状态，看后躯是否被稀便污染。

（4）妊娠诊断　检查是否有胎，若有胎，准确判定妊娠时间，便于组织生产。

（5）生殖系统检查　尤其是对于空怀牛，要详细检查原因。看是否有子宫炎、卵巢囊肿及先天性不孕如生殖器官畸型等。

（6）肢蹄检查　不得有"X"状或"O"状肢势，牵动走路正常。前肢直，侧面，由肩胛骨上1/3处向地面作垂线，平分前肢侧面；前面，由肩端中央向地面作垂线，平分前肢前面。后肢要弯，股骨与胫骨构成 $100°\sim130°$ 夹角。由坐骨端向地面作垂线，侧面看垂线切飞节，后面看，垂线平分后肢后面。系部与地面呈 $45°\sim55°$ 夹角。

（7）**乳房检查** 看是否有乳房炎，乳区、乳头发育是否符合要求。同时用手触摸内部，感觉是否柔软、有弹性。

（8）**检疫** 请产地兽医部门进行，重点检测结核和布鲁氏杆菌病确保健康无疫。

（五）如何买到优质的高产奶牛

1. 奶牛品种 当前全世界的奶牛品种主要有荷斯坦牛（又称黑白花牛）、娟珊牛、更赛牛、爱尔夏牛及瑞士褐牛。我国的奶牛品种中 95% 以上是中国荷斯坦牛（中国黑白花牛），此外还有新疆褐牛、三河牛及草原红牛等。荷斯坦牛属大体型奶牛，产奶量最高，年产万千克以上的牛群比较多见。我国牛群最高产奶量已超过 10 000 kg。为获得高产，首先应选择荷斯坦牛。在饲养条件较差的地区，也可选择其他品种。

2. 体型外貌 优秀的高产奶牛从总体看，形体匀称，细致紧凑，皮薄骨细，棱角分明，泌乳系统十分发达。选种者除了要了解优质奶牛区别于一般奶牛及肉牛的一些明显标记外，还应了解优质奶牛具体部位的基本特征及各个体型性状的作用和基本要求。

（1）**头颈部** 优秀的奶牛，面目清秀，轮廓非常鲜明。额头宽而平，眼大而明亮，鼻宽鼻孔大，嘴宽颈长，垂皮小。理想奶牛的头长（头顶部至鬐甲距离），等于腰角至臀角间的距离，等于胸宽、尾巴长度及尾梢长度；且头长的一半等于两眼间的距离、眼角与鼻孔间的距离、耳朵的长度及两耳间的宽度。

（2）**躯干部** 体高（后背十字部至地面的垂直距离）：以 130 cm 为中等，135～140 cm 为佳。体高在现代奶牛的机械化与集约化管理中起一定的作用，过高与过低的奶牛均不适于规范化管理。如过低，乳房易受污染；过高，则采食困难，体力消耗大。

前段（相对于十字部的高度）：以平直为中等，鬐甲稍高于十字部为佳，高于 3.75 cm 为最佳。鬐甲稍高，胸腔体积大，可使内脏有较大的空间，心脏收缩能力及肺活量均变大，但太高太低都不理想。

大小：即体重（用体尺度量，也可估测，即体重＝胸围^2×体斜长×90），要适中。体重大，体积及胸围都相应变大，肺活量也大。第一泌乳期的成母牛以 500 kg 为中等水平，一般以 36 月龄达 590 kg 以上为最佳标准。

胸宽（胸基部的宽度，即胸下前肢内裆宽）：以 25 cm 为中等，越宽越好。胸宽是衡量奶牛个体是否具有高产能力和维持健康状态能力的标志，胸宽产量高，胸窄不耐久。

体深（后肋骨部体深，根据肋骨长度和开张程度进行判断，也可以后肋骨部的腹围来判断）：以中等偏高深为佳。体深程度可表现个体是否具有采食大量粗饲料的容积，越深表明奶牛越能吃粗料，但越深，乳房易受地面污染。因此，适度体型是当代奶牛的最佳体型结构。

腰强度（背部与臀部之间脊椎骨强度，即背腰的平直度）：理想的奶牛要求尾根至十字部之间的椎骨要平直，且十字部左右也要平直，中间不能有凹陷。

（3）尻部　尻宽度（坐骨端之间的距离，即左右臀中点连线的距离）：要求尻宽而方正，越宽越好，以 15 cm 为中等，25 cm 为佳。尻宽与能否顺利分娩有关。通常认为，尻极宽的体型是当代奶牛最理想的体型结构。

尻角度（坐骨端与腰角的相对高度，即臀角与腰角的相对高度）：以臀角稍低于腰角为宜，以低于腰角 5 cm 为最佳。尻角度如何直接关系到个体的繁殖、排泄机能的健康，臀角太低或臀角向上翘都为不理想。

（4）泌乳系统　前乳房：乳房充奶时，大而深，且底线平，充分向腹前延伸。

前乳房附着（与腹壁的附着程度），要求充分紧凑，以乳房与腹壁联结处不形成明显凹陷，手指伸进去不能被包容为佳。

前乳头位置（与乳区中心的垂直距离），要求乳头垂直向下，且乳头分布靠得近，位于各乳区中间偏内侧，这样有利于机械挤奶。

乳头长度（乳头的平均长度），初产牛以 5 cm 为宜；二胎以上的，可稍长。乳头长度与挤奶难易及是否易受损伤有关。通常认为，当代奶牛的最佳乳头长度为 5～7 cm。但应注意，最佳乳头长度因挤奶方式而有所变化，手工挤奶，乳头长度可偏短，而机械挤奶则以 6.5～7 cm 为最佳长度。

后乳房：乳房充奶时，大而深，且底线平，充分向股间的后上方延伸。

后附着高啡（乳腺组织顶部至阴门基部的垂直距离）：以 24 cm 为中等，20 cm 以下为佳。后房高度可显示奶牛的潜在泌乳能力。通常认为，乳腺组织顶部极高的体型是当代奶牛的最佳体型结构。

后附着宽度（后乳房左右两个附着点之间的宽度）：越宽越好，理想宽度为 25 cm，且乳房基底部也要宽。后房宽度也与潜在的泌乳能力有关。后房极宽的体型是当代奶牛的最佳体型结构。

后乳头位置（与乳区中心的垂直距离），也要求乳头垂直向下，以乳头分布各乳区中央为佳。

乳房深度（飞节与乳房基底部的相对位置），以乳房最底部匣在飞节上 5 cm 为中等，初产牛以 12.7 cm 为佳，二胎以 10 cm 为佳，三胎以 8 cm 为佳；从容积上考虑，乳房应有一定的深度，但过深（乳房最底部超过飞节下），又会影响乳房健康。因为过深的乳部容易受伤和感染乳房炎。因此各胎的奶牛乳房具有适宜的深度，才是理想的体型结构。

中央悬韧带（以裂沟的深度来判断）：裂沟深 6 cm 为高强度，4 个手指恰可伸进去；裂沟深 3 cm，为中等强度；松弛没有裂沟的为最差。裂沟越深，表明悬韧带强度越高，悬韧带强度高，则结实有力，才能保持乳房应有高度和乳头的正常分布，减少乳房外伤的机会。

乳房质地（柔软度和伸缩度）：质地松软，富有弹性为腺质，是优质乳房；若是结实强硬为肉质，是劣质乳房。

（5）肢蹄部　蹄角度（蹄侧壁与蹄底的夹角）：以 45°为中等，55°为最佳，且蹄瓣左右对称，蹄踵要深。蹄形的好坏影响奶牛的运动性能及寿命。蹄角度过低或过高均为不理想。

骨质地（骨的扁平程度）：要求细致扁平且光滑，粗糙又浑圆的是优质牛的表现。

后肢侧视（从侧面看后肢飞节的角度）：以飞节部向前稍倾斜为宜，145°视角为最佳，直飞（飞节处向下垂直呈柱状站立，飞角大于 155°）和曲飞（飞节处极度弯曲呈镰刀状站立，飞角小于 135°）的都为劣质牛。后肢侧视与奶牛的耐力有关，飞节处极端直或极端弯曲且偏直一点，奶牛的耐用年限才长一些。

后肢后视（从后面看，两飞节的转向）：要求两飞节要平行。若向内靠呈"X"型，向外分呈"八"字型都为不理想牛。后肢后视也是决定奶牛使用等寿命的一个重要性状，除了要飞节平行，还要保持姿势正立，不能向一边倾斜。

在掌握奶牛以上各个体型性状的基本要求及特征的同时，还应注意区分奶牛体型有遗传缺陷的性状，如双肩峰（两肩部中央凹陷）、束腰、背腰不平、窄胸、尾根凹陷或凸起、尾歪、系部软、飞节粗糙、蹄叉、前蹄外向、姿势不正、乳房膨大、前乳房肥赘、乳房左右不均、乳头上有小乳头、乳房区有瞎乳头、乳头短、乳头歪、乳房形状差、乳房位置倾斜等。要尽量剔除有遗传缺陷的奶牛，至少不能让有遗传缺陷的奶牛作种用，以防止有缺陷的基因在后代群体中蔓延。

3. 产奶成绩 测定奶牛的产奶和乳脂率两项指标（有的还测定乳蛋白率）是挑选高产奶牛最重要的依据。从遗传学角度讲，产奶量和乳脂率呈负相关。所以，挑选奶牛时，除考虑产奶量外，更应重视乳脂率。对低乳脂率的公牛，千万不可选作种用。另外，挑选高产奶牛还有个特点。分娩后，高产奶牛产奶高峰期出现时间比低产牛晚（高产牛一般在分娩后 56～70 天，低产牛为产后 20～30 天），而且高峰期持续时间较长（100 天左右）。高峰期过后，高产奶牛产奶量下降速度比低产牛慢。泌乳末期，低产牛一般自动停止产奶，而高产牛仍可继续产奶。购买奶牛时，购买者必须查阅欲购牛的产奶记录或现场观察产奶实况。

4. 系谱谱系 包括内容有：奶牛品种、牛号、出生日期、出生体重、成年体长、体重、外貌评分、等级和母牛各胎次产奶成绩。系谱中还应有父母代和祖父母代的体重、外貌评分、等级以及母牛的产奶量、乳脂率、等级。另外牛的疾病史和防疫检疫情况、繁殖、健康情况也应有详细记载。上述资料对于挑选高产奶牛很重要，不可忽视。

5. 年龄与胎次 年龄与胎次对产奶成绩的影响甚大。在一般情况下，初配年龄为 16～18 月龄，体重应达成年牛 70%。初胎牛和 2 胎牛比 3 胎以上的母牛产奶量低 15%～20%，3 至 5 胎母牛产奶量逐胎上升，6 胎以后产奶量逐胎下降。根据研究，乳脂率和乳蛋白率随着奶牛年龄与胎次的增长略有下降。为使奶牛或奶牛群高产，生产者必须注意年龄与胎次的选择。一般认为，1 个高产牛群，如果平均胎次为 4 胎，其合理胎次结构为：1～3 胎占 49%，4～6 胎占 33%，7 胎以上占 18%。

另外，在鉴别奶牛时也要注意不要把由非遗传性疾病、环境等外来因素引起的伤残与遗传性缺陷混淆，如奶牛患乳房炎或乳房损伤，应看健康一侧的乳房。选牛时，应在奶牛泌乳60～150天之间进行，最好是初产奶牛。如此，你才能较准确、客观地对奶牛进行鉴定，并选出较满意的奶牛。

二、发情鉴定技术

（一）奶牛的初情期

后备牛发育到一定阶段，由于卵巢中卵泡的发育成熟，卵泡壁细胞分泌雌性激素并进入血液使母牛的行为和生理产生重大变化，称之为发情。每头母牛第一次发情出现的时间，因品种、营养状况和气候等多种因素而有差别。中国荷斯坦牛的首次发情，一般出现在8～12月龄之间。至14月龄仍无初情征状的应及时作检查，判断原因并采取措施。

观察到第一次发情时，应该是建立该牛繁殖档案的起始日。

（二）发情周期

奶牛出现初情期后，或分娩后首次发情以后，除配种妊娠外，正常母牛均会周期性地出现发情，从一次发情开始到下一次发情开始之间的时间，称之为一个发情周期。荷斯坦牛的发情周期为18～24天。但每一个牧场（农户）会因客观条件的不同而有差别。每个饲养员及授精员都应掌握所管理牛群的发情周期天数和个体的发情规律，做到心中有数，按计划实施牛群的繁殖。

（三）发情征候

1. 行为变化 敏感躁动，有人或其他牛靠近时，回首眸视；寻找其他发情母牛，活动量、步行数大于常牛5倍以上；嗅闻其他母牛外阴，下巴依托它牛臀部并摩擦；压捏腰背部下陷，尾根高抬；有的食欲减退和奶产量下降；爬跨它牛或"静立"，接受它牛爬跨，后者是重要的发情鉴定征候。

2. 身体变化　外阴潮湿，阴道黏膜红润，阴户肿胀；外阴有透明、线状黏液流出，或沾污于外阴周围，黏液有强的拉丝性。臀部、尾根有接受爬跨造成的小伤痕或秃斑；有时有蒸腾症状，体表潮湿；60%左右的发情母牛可见阴道出血，这大约在发情后两天出现。这个征候可帮助确定漏配的发情牛，为跟踪下次发情日期或为应用前列腺素提供可靠依据。

（四）观察发情

发情期平均为 18±12 h，90%的母牛发情期为 10～24 h。

母牛表现发情的时间分布为：

0:00～6:00	43%	6:00～12:00　22%
12:00～18:00	10%	18:00～24:00　25%

目视观察发情是无可代替的最实用的方法。多次观察发情能增加检出率（表 1-1）。

表 1-1　观察发情表

观察次数	观察时间					检出率%
2	6:00	18:00				69
2	8:00	16:00				54
2	8:00	18:00				58
2	8:00	20:00				65
3	8:00	14:00	20:00			73
3	6:00	14:00	22:00			83
4	8:00	12:00	16:00	22:00		80
4	8:00	12:00	16:00	20:00		86
4	8:00	12:00	16:00	20:00		75
5	6:00	10:00	14:00	18:00	22:00	91

（五）直肠检查

对于异常发情及产后 50 天内未见发情的牛只，应及时实施生殖系统普查，尽早克服繁殖系统隐患，而直肠检查是最常用、最准确的方法。其操作方法是：

将母牛保定，用温肥皂水将阴门附近的粪便、污物冲洗干净，再用温水冲洗并擦干；术者剪短指甲，套带长臂手套，五指并拢成锥形，插入直肠，掏出粪便；手再入母牛直肠达骨盆中部（一般手腕伸入肛门即可达到该部位），手掌向下轻压肠壁，可触摸到坚实的纵向似棒的子宫颈。将拇指、食指、中指分开沿子宫颈向前摸，食指可触摸到一纵行向下的凹沟，即子宫间沟。沿子宫间沟向前触摸到似圆柱样的物体，即为子宫角。沿子宫角大弯向外下侧触摸，即可感到卵巢及卵巢上卵泡的发育程度。

直肠检查主要是触摸卵巢和子宫。

1. 检查卵巢　有下列两种情况。

正常：母牛发情时卵巢正常的是两侧一大一小。育成母牛的卵巢，大的如拇指大，小的如食指大；成年母牛的卵巢，大的如鸽卵大，小的如拇指大。一般卵巢为右大左小，多数在右侧卵巢的滤泡发育，如黄豆粒或芸豆粒大而突出于卵巢表面，发情盛期触之有波动感；发情末期滤泡增大到 1 cm 以上，泡壁变薄，有触之即破之感。

不正常：母牛发情时卵巢不正常有两种情况。一是两侧卵巢一般大，或接近一般大。育成母牛两侧卵巢都不大，质地正常、扁平，无滤泡和黄体，属卵巢机能不全症。在成年母牛两侧卵巢均较大，质地正常，表现光滑，无滤泡，有时一侧有黄体残迹，是患有子宫内膜炎的症状。这种牛虽有发情表现，但不排卵。二是两侧卵巢虽然一大一小，而大侧卵巢如鸡卵或更大，质地变软，表面光滑，无滤泡和黄体，是卵巢囊肿的症状。总之，在母牛发情时，其卵巢体积大如鸡卵或缩小变硬的都是病态。

2. 检查子宫 也有两种情况。

正常：发情正常者，育成母牛的子宫如拇指粗或稍粗，子宫角对称，触之有收缩反应，松弛时柔软，壁薄如空肠样。成年母牛子宫角如一号电池或电筒粗，有时一侧稍粗，触之有收缩反应，松弛时柔软，有空心两层感。

不正常：母牛发情时，子宫角不正常有三种状态。第一种，子宫角呈肥大状态，检查时发现两子宫角像小儿臂似的，两条又粗、又长、又圆的子宫角对称地摆着。触摸时，呈饱满、肥厚、圆柱样，收缩反应微弱或消失，通俗说法有肉乎乎的感觉。第二种，子宫角呈圆形较硬状态，触摸发现两角如一号电池或电筒粗，无收缩反应，如灌肠样，有硬棒的感觉。第三种，子宫角呈实心圆柱状态，触摸时发现两角如一号电池粗或稍细，收缩反应微弱，弛缓后也呈实心圆柱状，有细长棒硬的感觉。

以上三种状态的子宫角，都是各种慢性子宫内膜炎的不同阶段的不同病理状态，必须进行治疗，否则将影响母牛妊娠。

(六) 计步器监测

利用计步器或颈圈等其他电子装置监测牛的发情时间。

(七) 配种适期

静立、接受爬跨和阴户流出透明、量多且具有强拉丝性黏液（黏液丝提拉可达 6～8 次，二指水平拉丝后，黏丝可呈"Y"状）是配种最适宜的时段（表1-2）。

表1-2　发情征候与最佳配种时段的关系示意表

	躁动期	静立强拉丝期	回复期
爬跨	爬跨它牛	静立，接受爬跨，爬跨它牛	拒绝它牛爬跨；爬跨它牛

	躁动期	静立强拉丝期	回复期
行为	敏感、鸣叫、躁动，多站立与走动，回首眸视，自卫性强，尾随	尾随、舔它牛；食欲减退；不安	恢复常态
阴户	略微肿胀	肿胀，阴道壁湿润闪光	肿胀消失
黏液	少而稀薄，弱拉丝性	量多而透明含泡沫，强拉丝性。二指作拉丝可达6~8次，黏液丝可呈"Y"状	黏稠呈胶状
持续时间	8±2 h	18 h	12±2 h
配种		最佳配种期	

整个发情期的征候变化是一个渐进性的过程，发情的持续期具有个体差异性。由于一天2次的观察发情，因此很少能观察到发情的起始点。"开始发情"的时间多数只能依靠估测。"开始发情"后16~24 h可视为最佳配种期。通常牛在早晨发现发情时，应在下午输精；牛在下午发情时，应在第二天早上输精。观察静立、强拉丝黏液征候，即预输精，是最佳的机遇。通常掌握适时配种，输一次精即可。只有当触摸卵泡诊断延迟排卵时，才需进行第二次输精。

三、人工授精技术

（一）精液的质量、贮存和取用

1. 精液的质量 精液的质量，除遗传质量外，其受胎率是人工授精关注的重要方面。采购精液时，要选择有良好管理和精液符合国标的种公牛站。每次采购同一头批冻精，应抽样检查其活力、密度、顶体完整率、畸型率和微生物指标是否符合国标（活力≥0.35，直线运动精子密度≥1000万个，顶体完整率≥40％，畸型精子率≤20％，非病原细菌数≤1 000个/ml）。

2. 贮存 精液封装于0.25 ml的塑料细管中。贮存在高真空保温的液氮罐内。液氮罐虽然是结实的金属罐，但仍应避免碰撞而使保温效果下降。液氮罐应放置在清洁、干燥、通风处的木质垫板上，周围不能有化学品。罐内应保证有足够量的液氮存量。罐的液氮水平面，应保持在18 cm以上，至16 cm时，即添加液氮，5 cm的水平是极限。应以标尺定期检查其水平。可用蓝红二色安瓿指示管或固定式磅秤判别液氮水平。

3. 精液的取出 除本次需要取出的冻精外，其他冻精不可提到罐口以下3.5 cm线之上。在寻找冻精超过6s时，应将分装桶放回液氮罐内，然后再提起寻找，以保持冻精的冷度。

本次需用之冻精，取出后置38 ℃水溶液中瞬时解冻，然后予以保温并在最短时间内输精完毕。

每一头公牛的精液，应放置在同一分装桶内，并备分装清单，清单上包括公牛号、数量和取用记录。尽可能缩短取出时间，保证冻精质量不受升温的伤害。

为保持液罐的清洁，减少污染，在清洗液氮罐时，预备好的清洁液氮罐应并列放置，快速转移，时间不能超过3～5s。

（二）子宫颈把握输精法

发情观察结合直肠检查触摸卵泡成熟状态，是提高受胎率的完美组合，而直肠检查子宫和卵巢（泡）态势及把握子宫颈输精是最好的配种方法。

直肠把握宫颈的要领是：轻柔触摸肛门，使肛门肌松弛；手臂进入直肠，应避免与努责及直肠蠕动相逆方向移动；分次掏出粪便，避免空气进入直肠而引起直肠膨胀；用手指插入子宫颈的侧面，伸入宫颈之下部，然后用食、中、拇指握抓住宫颈；输精器以 35°～40°角向上进入分开的阴门前庭段后，略向前下方进入阴道宫颈段。把握宫颈的整个手势要柔和，在输精器进入宫颈前，可将宫颈靠在骨盆边上，并轻轻挤压宫颈周围的阴道壁，使输精器只能进入子宫颈口，而不会误入阴道穹窿。

子宫创伤出血对精子与受精卵的存活不利，应尽量避免创伤。在输精器接近子宫颈外口时，正确的方法应是用把握子宫颈的手向阴道方向推子宫颈，使之手指接近输精器前端，而不是用力将输精器推向子宫颈。要凭手指的感觉将输精器导入子宫颈。

输精器前端在通过子宫颈横行、不规则排列皱褶时的手法是输精的关键技术。可用改变输精器前进方向、回抽、摆动、滚动等操作技巧，使输精器前端通过子宫颈。禁止以输精器硬戳的方法进入。

子宫炎症会妨碍受精卵着床发育。因此，输精前及输精中应保持牛阴户的清洁及输精器具的干燥与卫生（输精枪外应使用薄膜防护套）。

精液的注入部位是子宫体与子宫角的结合部，先推注 1/2 精液至目标部位，在确定注入部位无误后再注入剩余的 1/2 精液。

在技术熟练的条件下，可将精液注入排卵侧的子宫角大弯部。

（三）奶牛选配原则

选配是指在牛群内，根据牛场育种目标有计划地为母牛选择最适合的公牛，或为公牛选择最适合的母牛进行交配，使其产生基因型优良的后代。不同的选配，有不同的效果。

选种和选配的关系。选种是选配的基础，但选种的作用必须通过选配来体现。同时，选配所得的后代又为进一步选种提供更加丰富的材料。

根据交配个体间的表型特征和亲缘关系，通常将选配方法分为品质选配和亲缘选配。

1. 品质选配　考虑交配双方品质对比的选配。根据选配双方品质的异同，品质选配可分为同质选配和异质选配。

（1）同质选配　选择在外形、生产性能或其他经济性状上相似的优秀公、母牛交配。其目的在于获得与双亲品质相似的后代，以巩固和加强它们的优良性状。

同质选配的作用主要是稳定牛群优良性状，增加纯合基因型的数量，但同时也有可能提高有害基因同质结合的频率，把双亲的缺点也固定下来，从而导致适应性和生活力下降。所以必须加强选种，严格淘汰不良个体，改善饲养管理，以提高同质选配的效果。

（2）异质选配　选择在外形、生产性能或其他经济性状上不同的优秀公、母牛交配。其目的是通过选用具有不同优良性状的公、母牛交配，结合不同优点，获得兼有双亲优良品质的后代。

异质选配的作用在于通过基因重组综合双亲的优点或提高某些个体后代的品质，丰富牛群中所选优良性状的遗传变异。在育种实践中，只要牛群中存在某些差异，就可采用异质选配的方法来提高品质，并及时转入同质选配加以固定。

2. 亲缘选配　根据交配双方的亲缘关系进行选配。按选配双方的亲缘程度远近，又分为近亲交配（简称近交）和非近亲交配（简称非近交）。一般认为，5 代以内有亲缘关系的公、母牛交配称为近交，否则称为非近交。从群体遗传的角度分析，一个大的群体在特定条件下，群体的基因频率与基因型频率在世代相传中能保持相对的平衡状态。如果上下两代环境条件相同，表现为在数量上的平均数和标准差大体相同。但是，如果不是随机交配，而代之以选配，就会打破这种平衡。

3. 选配工作应注意的几点

（1）每个牛场必须定期制定符合牛群育种目标的选配计划，要特别注意和防止近交衰退；

（2）在调查分析的基础上，针对每头母牛本身的特点选择出优秀的与配公牛。也就是说，与配公牛必须经过后裔测验，选出产乳量、乳脂率、外貌育种值或选择指数高于母牛的个体；

（3）每次选配后的效果应及时分析总结，不断提高选配工作的效果。

四、提高奶牛受胎率的关键技术

影响奶牛受胎的因素很多，如母牛的营养、健康状况、精液品质、输精时机、授精技术水平等。要提高奶牛的受胎率，应重点做好以下几方面工作。

（一）配种组织工作

根椐各地奶牛饲养情况，设立简易授精点，备有专用房屋和必要的人工授精用品，能够做到及时配种。在授精站技术人员的指导下，对繁殖母牛进行编号，建立档案。各养殖厂（户）建立健全奶牛发情观察预报制度，能及时准确判定母牛发情。建立发情检查制度，对超过 14 月龄以上仍未发情的小母牛及产后 60 天仍没发情的母牛进行生殖器官检查，判明原因，搞好疫病防治。

（二）奶牛的饲养管理

营养缺乏或失衡是导致母牛发情不规律、受胎率低的重要原因。如缺乏蛋白质、矿物质（如钙、磷等）、微量元素（如铜、锰、硒等）、维生素（如维生素 A、维生素 E 等），均可引起母牛生殖机能紊乱。营养严重缺乏或不平衡时，会延迟青年母牛初情期的到来，对成年母牛会造成发情抑制，发情表现不明显，排卵率降低。如长期单纯饲喂过多的蛋白质、脂肪或碳水化合物时，会使母牛过肥，同样不易受胎。配种前保持母牛中上等的营养膘情是最理想的，母牛发情征状明显，排卵率高，受胎率高。由此，合理搭配日粮，供给牛的平衡营养是很重要的。

舍饲的奶牛要加强运动，经常刷拭牛体，保持牛舍良好的环境如适宜的温度、湿度及卫生，这样有利于保证牛的健康，有利于母牛的正常发情排卵。

对于产后母牛，要加强护理，尽快消除乳房水肿。合理饲喂，调整好消化机能。认真观察母牛胎衣与恶露的排出情况，发现问题及时妥善处理，防止子宫炎症发生。子宫尽快复旧，有利于产后尽早正常发情。

(三) 人工授精技术

首先是掌握好发情期，做到适时输精。技术人员、饲养员要互相配合，注意观察，及时发现发情母牛。由于母牛发情持续期短，所以要注意即将发情牛及刚结束发情牛的观察，防止漏情、漏配，做好输精准备或及时补配。

第二，掌握授精技术，做到准确授精。直肠把握子宫颈输精法受胎率高，但要求输精人员必须细心、认真，严防损伤母牛生殖道。输入的精液必须准确达到所要求的部位，防止精液外流。

第三，保证精液优良，掌握授精标准。精液冷冻、解冻前后要检查活力，只有符合标准方可用来输精。

第四，严格执行操作规程。输精操作过程中，严格消毒、慎重操作，以防生殖道感染与损伤。精液的取用要合乎规范，以保证精子不被伤害。

(四) 及时治疗生殖系统和全身性疾病

奶牛全身和生殖器官疾病均可引起母牛不妊。个体不同，疾病不同，治疗方法各异。为了能采取合理治疗方案，临床上应对病牛仔细检查，确定病性，找出病因，并采取相应的治疗措施。经实践观察，引起母牛不妊的临床表现有发情延迟、发情缩短、持久发情、长期不发情和屡配不妊等，致病原因和治疗方法见表1-3。

表1-3 母牛临床不妊症的病因与治疗

临床表现	原因	卵巢变化	治疗
发情延迟（发情周期延长）	①卵巢发育异常；②持久黄体；③胎儿木乃伊	卵巢增大而硬，表面不光，排卵延迟或不排卵	①促性腺激素释放素（LRH）；②促卵泡素（FSH）100～200 IU。隔日1次，连注2～3次；③促黄体素（LH）100～200 IU
发情缩短（发情周期短）	①卵泡囊肿；②黄体功能不全	卵巢上有1～2个以上大卵泡，有波动；母牛呈慕雄狂	①LH 100～200 IU；②绒毛膜促性腺激素（HCG）5 000～10 000 IU，肌内注射；③激光照射交巢穴
持久黄体	①卵泡囊肿；②黄体功能不全	卵巢上有1～2个以上大卵泡，有波动；母牛呈慕雄狂	①LH 100～200 IU；②绒毛膜促性腺激素（HCG）5000～10 000 IU。肌内注射；⑧激光照射交巢穴
长期不发情	①卵巢静止；②卵巢萎缩；③隐性发情；④持久黄体	卵巢硬，无卵泡或黄体；卵巢缩小，无卵泡和黄体；有卵泡，但无发情；卵巢增大，硬，有黄体	①HCG 2 500～5 000 IU，静脉注射；②乙烯雌酚20～25 mg，肌内注射；③PM-SG20～40 ml，肌内注射；④LH 100～200 ml，肌内注射；⑤前列腺素 E_{2a} 5～10 mg，LRH-A 400～500 mg肌内注射
性周期正常，屡配不妊	①输卵管炎；②隐性子宫内膜炎；③慢性子宫内膜炎	生殖器官性功能正常，从子宫内排出混浊黏液	①1%盐水洗子宫，后注入青链霉素；②1%苏打水冲洗子宫，后用抗生素注入子宫

当牛群中大批母牛发生不妊时，应对饲养管理、健康状况、繁殖管理技术等进行全面调查和综合分析。查日粮组成、饲料品质、矿物质、维生素的含量；查母牛健康状况与营养状况，其中包括全身检查和生殖器官检查；查母牛配种情况；查精液品质。通过上述调查研究，运用我们现有知识和适当手段，加强饲养管理，坚持发情鉴定要细、输精操作要准、患有疾病要治等综合措施，母牛不妊症是可大大减少的。

五、检　胎

检胎有很重要的经济意义。早期诊断出空怀牛可减少饲料等经济损失。正确的诊断可确定妊娠期，计算预产期（用配种月减3，配种日加6计算）和安排干奶期。

检胎的方法有直肠检查和激素试验两种途径。通常只用直肠检查，便能快捷、正确地作出判断。

直肠检查应注意解剖学位置，循序渐进。直肠检查最早能判断的时间是授精后的第21～24天。触摸到2.5～3 cm发育完整的黄体，表明90%以上是怀孕了。

在授精后60～90天和180～210天进行两回检胎，第一回是为确诊有胎，第二回是确保有胎，准备干奶。两回检胎后均应作正式记录和报告有关岗位。第一回检胎时间，在技术保证前提下。可提早到授精后40～60天进行。

激素试验是在本次发情后23～24天采集血浆、全乳或乳脂测定孕酮含量（乳中的孕酮含量比血液中高5～6倍）的方法，来判定妊娠与否。激素试验的阴性诊断可靠性为100%，但阳性诊断可靠性只有85%。因为可能发生胚胎早期死亡、发情周期超短（采取时处在黄体期）、黄体囊肿或持久黄体时，均会呈现孕酮阳性反映。

检胎时几个主要妊娠指征见表1-4。

表 1-4　检胎时几个主要妊娠指征

	21~24 天	约 40 天	约 60 天	约 90 天	约 180 天	约 210 天
卵巢	2.5~3.0 cm 直径，发育完整的黄体					
子宫		①子宫角不对称；②孕角有波动感；③宫角直径 4~6 cm	①孕角直径 6~9 cm；②按压孕角胎液移动，胚胎反弹，可触感	①孕角直径 12~16 cm；②沿宫角可能摸到胚胎及小子叶；③子宫下沉进盆腔	子宫下沉在腹腔内	开始上升
宽韧带		子宫中动脉直径 0.4~0.6 cm	子宫中动脉直径 0.4~0.6 cm	①中动脉直径 0.5~0.7 cm；②有震动感	①中动脉直径 0.7~0.9 cm；②有搏动感	①中动脉直径 0.8~1.0 cm；②有流水感

六、奶牛繁殖管理

(一) 繁殖计划

1. 初配月龄　对后备牛好的饲养管理，不但能使后备母牛较早地达到适当的体格大小，同时还可提高受胎率和顺产率。荷斯坦牛达到 350 kg 体重即可加入配种队伍。14~16 月龄是投入配种月龄的上限。

2. 产犊间隔　通常的产犊间隔是 12.5~13 个月。分娩后50~60 天出现发情时即可予以配种，平均两个情期受胎，妊娠期 280 天，则 12 个月之后即可又一次分娩，但会有很多因素影响这个计划的实施。实验证明，对一些有很高泌乳能力的母牛，为了充分发挥其产奶功能，在分娩后 100～120 天甚至更长一些时间实施配种计划，是经济的。

3. 季节性繁殖　就奶牛场自身效益和管理难度而言，避开最为炎热的七、八两个月分娩，一可提高 305 天产量，二可减少产科疾患，三可提高受胎率。

7～8 两个月的奶牛分娩，通常只安排部分青年牛。但有时为适应市场对乳制品的需要，平衡价值与价格规律，6～8 月也可有计划多安排一些牛只分娩。

4. 选种选配　应用良种公牛的冻精作人工授精，使之获得新的优秀遗传素质，提高后裔的生产性能与经济效益，是奶牛技术中周期较长、回报率最高的手段。

不同系谱的亲本奶牛相互结合的后裔，有不同程度的效应与回报率，亦有出现负效应的。所以在选择同样优秀种公牛精液时，还必须注意其结合效应，即要注意选配，才能得到好的选种效果。

在选种选配时确定第一优秀公牛（主线公牛）时，还应考虑到受胎率与精液拮抗等因素，需同时选出一头第二优秀公牛备用。

（二）笔记本

奶牛繁殖工作之成败，第一是由每天几回的临场观察之效果所决定的，观察的内容包括电脑提示牛只发情、过情、异常行为、子宫（阴道）分泌物状况，配种、验胎、流产等各种信息，把这种信息及时摘记在随身小笔记本上，随后分别输入电脑或档案卡，或安排工作处理之程序，是一种十分简便和良好的习惯。每天应将笔记本内容按发情、配种及繁殖障碍分类，分别造册或输入电脑。

（三）牛只繁殖卡（档案）

每头奶牛在初情期之后，应建立该牛的档案（繁殖卡）。

繁殖卡内容包括牛号、所在场、舍别、出生日期、父号、母号、发情期、配种日期、与配公牛号、验胎结果（预产日期）、复验结果、分娩或流产、早产日期、难/顺产、犊牛号、重大繁殖障碍摘记等。

繁殖卡，内容应在发生当月固定的日期填清。

（四）月报表

1. 配种月报表 每月3日应将上月配种情况汇总列表报告。

配种月报表应包括下列内容：序号、舍别、牛号、配种日期、与配公牛号、配次、耗精数与备注。报表按配种日期顺序编报。

2. 验胎月报表 每月3日应将上月验胎及复验情况分别列表。

验胎月报表包括序号、舍别、母牛号、与配公牛号、配种日期、验胎日期及结果、预产期。其顺序应与配种月报表相对应。

3. 不正产月报表 每月3日应将上月不正产（怀胎日≤270天）情况列表报告。

不正产月报表应包括不正产日期、舍别、母牛号、胎次、配种日期、在胎天数、与配公牛号、胎儿、胎衣、分泌摘记、原因简析等。其报表顺序按不正产日期填报。

月报表实行电脑管理的，内容不应低于上述各条要求。

月报表均应一式二份及以上，由制表人与收表人分别签发（收），并各执一份供使用及备查。

（五）技术统计

1. 年情期受胎率 国际通常以情期受胎率来了解和比较牛

群的繁殖水准和技术水准。年情期受胎率要求达到 53%～55%。

年情期受胎率的计算公式为：

$$\frac{年受胎母牛总头数}{年发情并配种牛总头数} \times 100\%$$

年情期受胎率统计日期按繁殖年度，即上年 10 月 1 日至本年 9 月 30 日止计算。

2. 年一次受胎率　年一次受胎率可反应奶牛场人工授精员掌握配种技术的水平。年一次受胎率达到 60% 是较高水准的标志。

年一次受胎率的计算公式为：

$$\frac{与分母相应牛中的受胎数}{适配期第一回实施配种的牛头数} \times 100\%$$

以繁殖年度计算。

3. 年总受胎率　年总受胎率要求达到 85%。计算年总受胎率的公式为：

$$\frac{年受胎母牛头数}{年受配母牛头数} \times 100\%$$

以繁殖年度计算。

中国奶协规定公式中的分子与分母范围为：年内 2 次受胎按 2 头计算，3 次受胎按 3 头计算，以此类推；配后 2 个月内出群的母牛不确定妊娠者不统计；配后 2 个月后出群的母牛一律参加统计。以受配后 2～3 个月的妊娠检查结果，确定受胎头数。

4. 年分娩率　年分娩率要求达到 82%。

计算年分娩率的公式为：

$$\frac{年实际分娩母牛头数}{年应分娩母牛头数} \times 100\%$$

年实际分娩牛头数为：年内≥270 天分娩母牛头数减去去年内移入并分娩的母牛头数，加上出售牛中年内能分娩的母牛头数。

年应分娩母牛头数为：年初 18 月龄以上母牛头数加上年初

未满 18 月龄提前配种并在年内分娩的母牛头数。

中国奶协规定年繁殖率的计算公式与年分娩率一样，但其计算范围有以下差别：妊娠 7 个月以上中断妊娠的，计入公式分子内。年内出群的母牛，凡产犊后出群的，一律参加统计；凡未产犊而出群的，一律不参加统计。为参加中国奶协活动，各奶牛场在繁殖统计中，增加年繁殖率的统计内容。

七、奶牛的胚胎移植

胚胎移植的特点是从优秀母牛（供体）取出受精卵，移植到其他乳牛（受体）的子宫角或输卵管内，使其发育并分娩。该犊牛具有与供体母牛相似的特性。因此，它对充分发挥优良母牛的繁殖潜力，加速牛群改良等，都有极其重要的实际生产价值，在动物遗传学和繁殖生理学的研究中也具有重要作用。

胚移的过程中包括超数排卵、胚胎的采集、胚胎的保存和胚胎移植。

（一）超数排卵

也称"超排"。指将供体母牛经激素处理，使其发情、并能排出数量较多的发育成熟的卵子，经合理的人工授精方法，以获得数量稳定的可移植的胚胎。

处理方法：母牛发情后 9～13 天开始肌内注射促卵泡素（FSH），每次剂量为 50 IU，每天两次，每次间隔 12 h，连续注射 4 天，共 8 次。有首次注射促卵泡素（FSH）后的 48 h、60 h 和 72 h，分别肌内注射氯前列烯醇 0.2 mg。经观察，母牛在首次用氯前列烯醇后的 30～60 h 相继出现发情。

超排处理时间和激素使用不尽相同，有的在性周期第 16 天，肌内注射孕马血清 2 500 IU，在 20～21 天时静脉注射绒毛膜促性激素（HCG）2 000 IU；有的在性周期第 8～14 天，肌内注射孕马血清 2 000 IU，48 h 后用前列腺素 F_{2a} 33 mg，一次肌内注射。

超排数目与激素剂量有关，剂量过大，排卵数过多，易损伤卵巢功能。通常，以每次母牛排卵 10 个左右为宜；当排卵数在 11~21 个时，可使受精率、回收率和受胎率下降。

对经超排处理的母牛，应认真观察母牛的发情表现，每天应观察 2~3 次，由于牛群中出现较多的相互爬跨母牛，为确保准确，可用开膣器检查，当子宫颈口充分开张，并有适量黏液流出即为发情。当母牛接受其他牛爬跨时开始推算人工授精时间。

超排母牛的人工授精时间和授精次数报道不一，有在超排母牛发情后的 12 h 或 24 h 授精的，有在用氯前列烯醇处理后的 48 h 授精的。关于授精次数，有 1 次输精的，有 3 次（8 h、16 h、24 h）输精的，一般认为，超排母牛增加人工授精次数可以提高母牛超排卵子的受精率。

（二）胚胎采集

通常胚胎采集的时间是母牛发情后 3~7 天。胚胎收集的方法有手术和非外科手术法两种。其中非外科采集法已普遍采用。多用德式二路采卵管非手术采集胚胎。

操作方法：母牛站立保定。局部麻醉或用低剂量的全身麻醉药使其安静。掏出直肠内蓄积的粪便。用 0.1% 新洁尔灭液充分、彻底洗洁母牛后躯，再用 75% 酒精擦拭阴门。在二路采卵管内插入不锈钢内芯使之挺直，将挺直的采卵管导入阴道达阴道穹窿，另一只手在直肠内协助。慢慢将导管插入子宫体，到子宫角内 5 cm 左右，拔出采卵管内的内芯约 2 cm，再使采卵管沿子宫角弯曲方向进入子宫角深部。在这一过程中，助手每抽出约 2 cm 的内芯，术者将采卵管向子宫内送入相应的长度，直到将采卵管送到子宫角适当的位置。采卵管中的一路为"气路"，即通过它向气球内充气；另一路为"水路"，即向子宫内灌注和回收冲卵液。充气后的气球可将子宫角固定于子宫角大弯附近。此时，将采卵管内的不锈钢内芯全部抽出，用 50 ml 注射器将 20～30 ml 冲卵液通过采卵管注入子宫角，再将冲卵液吸入到注射器内。冲卵液由 20 ml 逐渐增加到 50 ml，每侧子宫角共用冲卵液 500 ml。回收的冲卵液轻轻注入到 500 ml 的集卵杯内，静置 30min，徐徐吸去上部液体，将剩余的 30 ml 冲卵液分别置于多个直径为 10 cm 的平皿中，在显微镜下逐个检查，已检查出的胚胎将其移入到培养液中保存。

（三）胚胎保存

冲卵液和胚胎培养液通用。较为适用的是含灭活犊牛血清磷酸缓冲液（PBS）。其成分：氯化钠 8 g，氯化钾 2 g，磷酸氢二钠 1.15 g，磷酸二氢钾 0.2 g，氯化钙 0.1 g，氯化镁 0.1 g，丙酮酸钠 32 mg，葡萄糖 1 g，牛血清白蛋白 4 g，卡那霉素 25 mg，酚红 5 mg，三蒸馏水 1 000 ml。犊牛血清 20%，pH 7.2，－20 ℃保存。

（四）移植技术

移植技术有外科方法和非外科方法两种。现普遍应用的是非外科移植。

冲出来的胚胎首先应采用形态学观察和体外培养相结合的方法进行质量评定，最后才能确定其是否为可移植胚胎。

形态学观察在实体显微镜下进行，放大 80 倍。可移植胚胎的标准是胚胎发育与采集日期一致；形态典型，透明带完整或损伤轻微；胚胎结构清楚，或缺陷轻微；细胞突出胚胎整体部分或色泽发暗部分不超过胚胎总体积的 1/5。体外培养：将色泽发暗比例过大或细胞突出胚胎整体过多的胚胎置于 37 ℃培养 2～4 h，若其发育者为可移植胚。将以 PBS 培养的胚胎按直肠把握子宫颈输精法，将其注入子宫角深处即可。

第二章 奶牛营养与饲料生产技术

一、奶牛营养基础知识

营养是一切动物的客观需求，奶牛也不例外。奶牛只有通过饮水、摄食饲料，从中获取必要的营养物质，以满足其生长、怀孕和泌乳的营养需求，才能发挥其最大的生产性能，更好地为人类生产、生活服务。随着现代集约化、规模化奶牛场的迅猛发展，为了追求更多的经济效益，人们对奶牛生产性能的要求越来越高，这就要求必须供给奶牛均衡、足量的营养物质，最大限度提高奶牛对营养物质的利用效率。目前我国奶牛产奶量比 50 年以前提高 6～8 倍，最高达 15 倍以上，每产 1 kg 奶只需要 0.4～0.7 kg 日粮，其中还包括 40％～60％的粗饲料，这其中虽然有遗传改良的结果，但也是我们对奶牛营养研究与实践的结晶。随着人们生活水平及文化素质的不断提高，人们不仅仅只追求产奶量的提高，奶的品质逐渐引起人们的重视。如富硒奶、富锌奶等功能型奶不仅具有保健作用，而且还有防病、治病的双重功效，已越来越受到人们的青睐。奶牛的营养物质包括水、能量、蛋白质、脂肪、矿物质、维生素和其他促产奶添加剂等。

（一）水

＊最重要的营养物质

水是奶牛组织含量最多和最重要的营养成分之一。水对于奶牛维持体液和正常的离子平衡，营养物质的消化、吸收和代谢，代谢产物的运送、排出和体热的散失，营养物质的输送等都有重要作用。奶牛需要的水来源于自由饮水、饲料中含有的水和有机营养物质代谢产生的代谢水这三部分。牛体内的水经唾液、尿、粪、奶、汗、体表蒸发和呼吸排出体外。牛体内的排出量受环境温度、湿度、呼吸频率、饮水量、日粮组成、产奶量和其他因素的影响。

奶牛的饮水量受干物质进食量、气候条件、日粮组成、水的质量和牛的生理状况的影响。饮水的温度、季节和昼夜变化也影响奶牛的饮水量和生产性能。寒冷天气，若给牛饮温水可增加饮水量。在高温季节，当气温达 30 ℃以上时，若将水温从 31.1 ℃降到 18.3 ℃，奶牛的饮水量将降低，但产奶量提高。成年母牛饮水量还受饲料种类、产奶量的影响。一头大型奶牛每天产奶 10～15 kg，饲喂干饲料及多汁饮饲料时，每天约可饮水 45 L。研究证明，在一般情况下，干奶母牛每天需饮水 10 L，日产奶 15 kg 的母牛每天需饮水 50 L，日产奶 40 kg 左右的高产母牛每天需饮水 100 L。炎热季节母牛所需饮水量都超过春季、秋季和冬季，天气炎热时，保证奶牛的足量饮水十分关键。饮水量的下降会限制干物质的进食量和产奶量。因此，奶牛随时都应保证饮到新鲜、洁净的水。在饲喂区、休息区和挤奶厅的出口通道是安置水槽的好地方，并且夏季水槽每周至少清洗一次，以防止水污染。

（二）能量

* 进食量的限制因素

1. 能量需要 牛的能量需要可以分为维持、生长（未成年牛）、繁殖（怀孕牛）和生产（泌乳）几个部分。以奶牛能量单位（NND）表示，用 1 kg 含乳脂 4% 的标准乳所含产奶净能（3.138 MJ）作为一个奶牛能量单位。

$$奶牛能量单位 = \frac{产奶净能（MJ）}{3.138（MJ）}$$

（1）**维持的能量需要**　根据基础代谢的结果，牛的维持能量需要与牛的代谢体重（$W^{0.75}$）成正比，所以牛的维持需要与代谢体重呈正相关。实验证实，温度变化影响奶牛的维持需要最大，在 18 ℃时每日每头牛的维持需要为 $0.356 \times W^{0.75}$（MJ），在 5 ℃时为 $0.389 \times W^{0.75}$（MJ）；-15 ℃时为 $0.439 \times W^{0.75}$（MJ）。

维持净能的计算公式如下：

维持净能（MJ/头·日）$= 0.356 \times W^{0.75}$（kg）

由于 1 胎和 2 胎母牛还在生长发育，所以 1 胎牛的维持需要要增加 20%，2 胎牛增加 10%，3 胎以上牛则不再增加。

（2）**生长时的能量需要**　我国的奶牛饲养标准估计生长母牛的增重净能是按照体增重、体重的回归方式进行：

$$NEG（MJ）= \frac{LWG（kg）\times [1.5 + 0.004\,5 + LW（kg）]}{1 - 0.30 \times LWG（kg）} \times 4.184$$

式中，NEG 为增重净能；LW 为活体重；LWG 为活体增重。

（3）**泌乳的能量需要**　我国奶牛饲养标准订为每千克标准乳为 3 138 kJ 能量。

常乳中所含能量可按下式计算：

产奶净能（kJ/kg 奶）$= (342.65 + 99.26 \times 乳脂\%) \times 4.184$

表 2-1　每产 1 kg 奶的营养需要

乳脂率（%）	日粮干物质（kg）	奶牛能量单位（NND）	产奶净能 MJ	可消化粗蛋白质（g）	小肠可消化粗蛋白质（g）	钙（g）	磷（g）
2.5	0.31～0.35	0.80	2.51	49	42	3.6	2.4
3.0	0.34～0.38	0.87	2.72	51	44	3.9	2.6
3.5	0.37～0.41	0.93	2.93	53	46	4.2	2.8
4.0	0.40～0.45	1.00	3.14	55	47	4.5	3.0
4.5	0.43～0.49	1.00	3.35	57	49	4.8	3.2
5.0	0.46～0.52	1.13	3.52	69	51	5.1	3.4
5.5	0.49～0.55	1.19	3.72	61	53	5.4	3.6

（4）怀孕后期能量需要　在怀孕期间，随着胎儿的生长，胎膜、胎水及子宫也快速增长，在怀孕早期，沉积的营养物质数量很少，只是到了怀孕最后的 4 个月，胎儿生长所需营养物质数量才明显增加。妊娠第六、七、八、九个月时，每天需要在维持基础上分别增加 4.184、7.113、12.55 和 20.92 MJ 产奶净能。

（5）成年母牛增重需要　我国饲养标准规定，每增加 1 kg 体重相应增加 8 个奶牛能量单位，失重 1 kg 相应减少 6.56 个奶牛能量单位。

2. 能量供给　毫无疑问，限制奶牛泌乳量的最主要因素是能量摄入量，而能量摄入量随着有机物质采食量和可消化有机物质能量密度的变化而变化。但是，泌乳牛的采食量并不是无限的，在较低的日粮浓度下，由于受瘤胃容积的限制，奶牛采食满足不了较高产奶量下所需的干物质。所以，在配制日粮时必须考虑日粮的能量浓度。高产奶牛的泌乳特点是 40～50 天达高峰期，而奶牛分娩后达最大进食量的时间为 90～100 天，所以在泌乳前期奶牛有一个能量负平衡的出现，在这种情况下乳牛不得不分解体组织来满足产奶所需的营养物质，所以产后奶牛体重开始下降，2 个月左右体重降至最低，至产后 100 天左右，体重可恢复到产后半个月时的水平。一般来讲，乳牛，尤其是高产乳牛在泌乳盛期失重 35～45 kg 是比较普遍的，若超过此限，就会对产奶性能、繁殖性能及母牛健康产生不利的影响。为充分发挥产奶潜力，又要尽量减轻体组织的分解，唯一可行的办法就是要提高日粮营养浓度，即增大精料比例，这也就是美国、日本等国于 20世纪 70 年代所采用的"诱导饲养法"、或"挑战饲养法"。实际上，高产乳牛即使是采用了"挑战饲养法"，在泌乳盛期要完全避免体组织的分解是不可能的，只是使乳牛减重限制在一定范围内，从而保证奶牛既能发挥出产奶潜力，又不致于影响母牛健康状况。

奶牛的主要能量来源是食入精粗饲料中的碳水化合物，包括纤维素、半纤维素、果胶、淀粉、双糖和单糖等。饲料碳水化合物经过奶牛瘤胃内微生物的发酵，最终变成挥发性脂肪酸（VFA）。VFA 是奶牛最大的能源，它所提供的能量约占奶牛所需能量的 2/3，而碳水化合物在瘤胃中发酵产生脂肪酸的过程中产生的 ATP 又是微生物本身维持和生长的重要能源。VFA 主要有乙酸、丙酸、丁酸和少量较高级的脂肪酸。

挥发性脂肪酸除作为能源物质外，对泌乳奶牛来说，乙酸是合成乳脂的前体，丁酸亦能形成乳脂肪，某些长链脂肪酸可直接被吸收进奶中形成乳脂。丙酸是奶牛最大的糖源，可提供所需糖的 50% 左右，其他 50% 则由淀粉和生糖氨基酸提供。正常情况下，乙酸占 50%～65%，丙酸占 18%～25%，丁酸占 12%～20%，但这种比例可受多种因素的影响，例如日粮中精料尤其是谷类饲料比例大而粗料比例小时，粗料太细或压制成颗粒及喂熟料等都可增加丙酸的比例而降低乙酸的比例，若乙酸的比例下降到 50% 以下时，乳中脂肪含量就要降低，而体脂肪的沉积就会增加，这对于泌乳牛来说是非常不利的。出现上述原因主要是这些饲料在瘤胃内发酵速度太快，使瘤胃 pH 迅速下降，pH 的降低有利于丙酸菌的活动，因而丙酸大量增加，而乙酸下降显著。

另外，由于饲料在瘤胃内发酵速度快，停留时间短，则进入肠道的淀粉量必然增加，而淀粉在小肠中的消化终产物是葡萄糖，这样便增加了葡萄糖的吸收量，而葡萄糖吸收量的增加会促进葡萄糖合成体脂。所以，养奶牛精料不能过多。

粗料不能加工太细，但也不是说不能用精料，或粗料越多越好。科学研究和生产实践的结果表明，用粗料含量高的日粮喂乳牛，只能获得较低的产奶量，因为粗料的可消化能太少，体积太大，且能量损失较大（主要是生成甲烷），如果想使产奶量达到 6 000～7 000 kg 或以上，必须供给奶牛较多的精料，至少占总营养价值的 40%，高峰期要超过 60%，但精料增多会导致瘤胃内容物 pH 降低，正常瘤胃微生物区系改变，丙酸比例提高，乳脂率下降，而且 pH 下降也容易造成胃溃疡等，有时甚至发生瘤胃酸中毒，如何使乳牛适应高精料水平的日粮，获得高的产奶量，而且又能避免以上不良后果呢？

（1）应用缓冲剂调控瘤胃 pH　瘤胃 pH 是瘤胃发酵的重要指标，对于饲料的消化有重要影响。一般情况下瘤胃 pH 为 6～7。纤维素分解对于 pH 的变化比较敏感，当 pH 较低时，其活性会受到影响，使粗饲料的消化率下降。奶牛常用的缓冲剂如碳酸氢钠和氧化镁等，在精料较多的日粮中添加碳酸氢钠等缓冲化合物不仅提高乳脂率，而且提高产奶量，原因主要是添加缓冲剂使奶牛采食量增加并提高了干物质的消化率。可使有机物质消化率由 69% 提高到 72%，纤维素消化率由 36% 提高到 48%。碳酸氢钠的适宜添加量为日粮总干物质的 0.8% 或精料量的 1.5%～2.0%，氧化镁为总干物质的 0.4%。

（2）调整饲料的精粗比例　粗饲料中的纤维素、半纤维素和木质素含量高，在瘤胃中发酵产生的乙酸比例高。精饲料中的淀粉和糖的比例高，在瘤胃中发酵产生的丙酸多。所以，日粮精粗比例不仅决定了日粮价格，而且决定着瘤胃中乙酸和丙酸的比例，影响泌乳牛的乳脂率。生产实践中，在满足奶牛营养需要的前提下，应最大程度地利用优质粗饲料。精饲料主要用来平衡奶牛日粮营养水平的，每 kg 牛奶的精料消耗不应超过 250～350 g。泌乳奶牛日粮必须保持一定比例的粗纤维含量，一般粗纤维不要低于 15%。粗饲料具有一定的硬度，能够刺激瘤胃壁，促进瘤胃蠕动和正常反刍，使牛每日有 7～8 h 的反刍时间。通过反刍，牛瘤胃内重新进入的食团中混入了大量碱性唾液，进而维持瘤胃内环境的 pH 在 6～7 之间。粗饲料不仅增加了反刍时间，而且增加了采食时间。为了合理地利用精饲料，应根据奶牛的各个不同泌乳时期确定精料的合理用量。在泌乳前期（11～100 天），精料饲喂量应占总量的 50%～60%；在泌乳中期（101～200 天）应占到 40%～50%；在泌乳后期（201～305 天）应占到 30%～

40%左右。

（3）控制饲料的加工细度　碳水化合物在瘤胃中发酵产生挥发性脂肪酸，而奶牛的唾液呈弱碱性，唾液流入瘤胃使 VFA 得到中和，最终控制 pH 在 6～7 之间。奶牛唾液的分泌受采食、咀嚼和反刍的影响，饲料结构粗糙能够促进奶牛采食、咀嚼和反刍，进而产生更多的唾液。

（4）过瘤胃淀粉的应用　精料中的谷物籽实中含大量淀粉，淀粉在瘤胃中的发酵速度快，终产物是丙酸，为奶牛乳糖的前体物。研究证明，淀粉的快速度发酵不仅降低瘤胃 pH，而且影响粗饲料的消化率，抑制奶牛采食量。为了避免这些不利因素，满足高产奶牛的能量需要，采用过瘤胃淀粉技术，使淀粉在瘤胃中很少降解，大部分在小肠中消化降解供能。淀粉来源不同，在瘤胃的降解率差别很大，对纤维素的降解率的影响也不同。大麦、燕麦或小麦日粮淀粉的降解度较高，为 87%；豆粕籽实中淀粉的降解率居中，为 74%；玉米和高粱淀粉的降解率较低，分别为 68% 和 49%（Nocek 和 Tamminga，1991）。通过选择不同来源淀粉日粮可以改变淀粉在瘤胃中的降解率，使淀粉的消化部位由瘤胃转向肠道。

（三）蛋白质

＊饲料成本的限制因素

1. 蛋白质需要　奶牛的蛋白质需要主要用于维持、生长、妊娠和泌乳几部分。

（1）维持蛋白质需要　我国奶牛饲养标准蛋白质或可消化粗蛋白质体系，一般牛对粗蛋白质的消化率为 0.65。

维持可消化粗蛋白质需要量（g）$= 3.0 \times W^{0.75}$

（2）生长牛蛋白质需要　犊牛在哺乳期间日粮粗蛋白质水平为 22%，3～6 月龄、6～12 月龄分别为 16%、14%～12%。1～6 月龄的犊牛粗蛋白质水平为 16%～22%。

（3）成年母牛增重需要　在维持基础上，每增重 1 kg 需要 320 g 粗蛋白质，每减重 1 kg，则可提供 320 g 粗蛋白质用于产奶。

（4）怀孕后期蛋白质需要　在维持基础上，妊娠 6 个月时可消化蛋白增加 77 g，7 个月时 145 g，8 个月时 255 g，9 个月时 403 g。

（5）泌乳的蛋白质需要　计算出每 kg 4% 标准乳所需的可消化粗蛋白质为 52 g，加上一定的安全系数后，为 55 g，折算成粗蛋白质 85 g（55÷0.65＝85 g）。

2. 蛋白质供给　奶牛日粮中所含的粗蛋白质包括真蛋白质和非蛋白氮。饲料蛋白质进入瘤胃后有一大部分（约 60%）被瘤胃中的微生物降解为氨和少量游离氨基酸，饲料中非蛋白含氮化合物如尿素等在瘤胃微生物脲酶的作用下分解产生氨和二氧化碳。瘤胃中细菌蛋白、纤毛虫则利用蛋白质分解产物氨基酸以及嘌呤等合成纤毛虫蛋白质。菌体蛋白、纤毛虫蛋白和未被消化分解的饲料蛋白质（过瘤胃蛋白质）一起进入皱胃和小肠，受胃蛋白酶和肠蛋白酶作用分解成氨基酸供机体利用，根据过瘤胃值的大小，可将奶牛常用蛋白质饲料分为三类：第一类是过瘤胃值低的（在 40% 以下），如豆饼、花生饼等；第二类中等（40%～60%），如棉籽饼、脱水苜蓿粉和玉米籽实等；第三类是过瘤胃值高的（60% 以上），如鱼粉、血粉、肉粉、羽毛粉等。

瘤胃中蛋白质的微生物发酵，有其有利的一面，不仅能将品质差的饲料蛋白质转化为生物学价值高的菌体蛋白，而且能将尿素等非蛋白氮转化为菌体蛋白。但也有其不利的一面，饲料蛋白质通过瘤胃时被微生物分解成大量的氨而遭受损失，特别是优质蛋白质饲料。据测定，饲料蛋白质如果避开瘤胃发酵，直接进入真胃及小肠，蛋白质利用率达 85%，而通过降解转变成菌体蛋白，再经真胃和小肠吸收，其利用率会下降到 50% 左右。为了提高乳蛋白含量，增加奶牛对非蛋白氮的利用及降低瘤胃对优质蛋白质的降解，目前科研工作者做了大量工作，研究很多新产品、新方法，现分述如下：

（1）蛋白质热处理　热处理可以降低蛋白质在瘤胃内的降解速度，提高氮的利用率。试验证明，豆饼、菜籽饼、棉籽饼等由于受热榨工艺的影响，其粗蛋白质降解率、溶解度均较低，而且不同加热温度处理效果不同，但加热过度会降低总消化率，尤其是赖氨酸等必需氨基酸的利用率。

（2）过瘤胃蛋白的应用　用甲醛、甲酸等化学方法处理蛋白质，使其在瘤胃中不被降解，在真胃和小肠中降解为氨基酸被机体直接利用。

（3）保护性氨基酸的应用　对奶牛饲喂过瘤胃保护性蛋氨酸和赖氨酸，可提高乳蛋白质的浓度，增加总乳蛋白量，提高产奶量和乳蛋白率。

（4）脲酶抑制剂　以饼类或尿素作为氮源饲喂奶牛时，瘤胃内微生物迅速将其降解为氨，其量超过瘤胃微生物合成菌体蛋白的利用能力，不仅造成蛋白质资源的极大浪费，而且容易导致奶牛氨中毒。瘤胃内脲酶活性是决定氨释放速度的关键因素，应用脲酶抑制剂能够控制脲酶活性，调节瘤胃内氨的浓度，明显提高了饲料的利用效率。周健民等（1999）用脲酶抑制剂作为奶牛日粮添加剂，使产奶量提高 16.7%，添加量以 25 mg/kg 饲料最佳，且脲酶抑制剂与复合微量元素混用效果更好。

（四）脂肪

＊高峰期提高日粮能量浓度

脂肪的能量约是碳水化合物的 2.25 倍，1 kg 脂肪的能量相当于约 3 kg 玉米。

在高产奶牛日粮中添加脂肪虽然提高了日粮的能量浓度，但日粮中过高的脂肪含量可能影响瘤胃的发酵。因此添加脂肪要适量，过多反而有不利的影响。具体的添加量需要视基础日粮的情况和添加脂肪的类型而定。

添加脂肪可以提高泌乳初期的产奶量，对经产和初产牛的试验研究表明，产奶量大约可以提高 5％。添加脂肪对乳成分有影响，大约使乳蛋白含量降低 0.1％。当添加脂肪的不饱和程度高时，有可能因为日粮中不饱和脂肪酸的比例超出瘤胃微生物的氢化饱和能力而降低乳脂的含量。日粮中添加脂肪还将低了钙、镁等矿物质的吸收率（皂化）。当添加未保护脂肪时，日粮中的钙、镁含量应高于推荐量的 20％～30％。

向奶牛日粮中添加脂肪应遵循以下原则：

（1）**必要性原则**　只有在泌乳期体重损失过大，后期难以恢复体重的高产奶牛才有在日粮中添加脂肪的必要。一般平均产奶量超过 8 000 kg 以上的牛群可以考虑在日粮中添加脂肪。

（2）**优质精粗饲料优先原则**　满足高产奶牛的能量需要应首先考虑提高精粗饲料的质量和日粮的精粗比。当优质粗饲料来源受到限制、日粮精料比例超过 55％，进一步增加精料有可能引起瘤胃酸度过高，导致代谢疾病时，才考虑日粮中添加脂肪的措施。

（3）**经济合理原则**　添加脂肪从产奶量提高和奶牛健康状况改善中所获得的收入应高于人工、成本的投入。

（4）**质量原则**　对添加脂肪的质量严格把关，使用质量有保证厂家生产的产品。

在奶牛日粮中添加脂肪含量高的籽实是提高高产奶牛日粮脂肪含量的有效方法之一。压片、加热、挤压、磨碎处理的大豆和生大豆均可添加到奶牛日粮中。压片、挤压处理提高了大豆的利用效率，但其中的脂肪容易氧化酸败；热处理提高了经过瘤胃的蛋白数量，并可提高用量，因此将热处理过的大豆添加到奶牛日粮中的做法较为普遍。大豆的最大喂量是每头每天 2.3 kg，热处理大豆可喂至每头每天 2.7 kg。同时向日粮中添加非蛋白氮时，不能与大豆混合添加，可与其他成分混合后添加到日粮中。去壳或未去壳的棉籽均可添加到奶牛日粮中，其效果相似。棉籽中的脂肪虽然不饱和程度高，但在瘤胃中的释放速度慢，对瘤胃发酵的影响不大，添加棉籽一般可使乳脂率提高 0.2%～0.3%。但添加棉籽有可能引起棉酚中毒（尤其是棉酚含量高的棉籽），所以每头每天喂量控制在 2.5～3 kg 较为安全。葵花籽中的脂肪含量为 30%～40%，且高度不饱和。整粒或压扁葵花籽的喂量可达到日粮干物质的 10%，对乳脂率一般没有影响。添加磨细的葵花籽时，喂量应控制在每头每天 1～1.3 kg。据阿尔伯塔大学和华盛顿州立大学的研究，双低油菜籽（低芥酸、低硫葡萄糖苷，Canola）的喂量可达到日粮干物质的 6.5%。

瘤胃保护脂肪是长链的脂肪酸盐或包被脂肪，在瘤胃中很稳定，对瘤胃发酵很少有影响。国外产品 Megalac 主要是棕榈油长链脂肪酸的钙盐，Energy Booster 中主要是棕榈酸和硬脂酸，颗粒状。

向泌乳奶牛日粮中添加脂肪时应注意以下问题：

（1）逐渐增加喂量，通常需要 2～3 周的时间。生产条件下每头每天的喂量控制在 0.9 kg 以内为宜，植物油最多每头每日 0.45 kg。喂量超过 0.9 kg 的部分应使用保护脂肪，总喂量宜控制在每头每日 1.3 kg 以内。

（2）增加优质青粗饲料的比例，以保证充足的纤维摄入量。NDF 的摄入量应能占到摄入日粮干物质的约 28%。

（3）日粮钙的含量增加至日粮干物质的 0.9%～1%，镁增加到日粮干物质的 0.25%～0.30%。

（4）添加到营养平衡的混合精料中饲喂。

（五）矿物质

1. 奶牛矿物质需要

（1）钙

1）泌乳母牛钙需要量的计算

$$钙（g/日·头）＝[0.015\ 4×体重（kg）＋1.22×$$
$$标准乳量（kg）＋0.007\ 8×$$
$$1.23×体重（kg）]÷0.38$$

头胎母牛的计算公式：
$$钙（g/日·头）＝[1.2×0.015\ 4×体重（kg）＋1.22×$$
$$标准乳量（kg）＋0.007\ 8×1.23×$$
$$体重（kg）]÷0.38$$

二胎母牛的计算公式：
$$钙（g/日·头）＝[1.1×0.015\ 4×体重（kg）＋1.22×$$
$$标准乳量（kg）＋0.007\ 8×1.23×$$
$$体重（kg）]÷0.38$$

2）生长母牛的钙需要量计算

体重 90～250 kg 的生长母牛：
$$钙（g/日·头）＝8.00＋0.036\ 7×体重（kg）＋0.008\ 48×$$
$$日增重（kg）$$

体重 250～400 kg 的生长母牛：
$$钙（g/日·头）＝1.34＋0.018\ 4×体重（kg）＋0.007\ 1×$$
$$日增重（kg）$$

体重高于 400 kg 的生长母牛：
$$钙（g/日·头）＝25.4＋0.000\ 92×体重（kg）＋0.003\ 61×$$
$$日增重（kg）$$

3）干奶母牛钙的需要量
$$钙（g/日·头）＝[0.015\ 4×体重（kg）＋0.078×$$
$$胎儿增重（kg）]÷0.38$$

4）公牛对钙的需要量
$$钙（g/日·头）＝0.015\ 4×体重（kg）÷0.38$$

（2）磷

1）泌乳牛磷需要量
$$磷（g/日·头）＝[0.014\ 3×体重（kg）＋0.99×$$

$$标准乳 (kg)+0.004\ 7×$$
$$1.23×体重 (kg)]÷0.5$$

头胎母牛的需要量：

$$磷 (g/日·头)=[1.2×0.014\ 3×体重 (kg)+0.99×$$
$$标准乳 (kg)+0.004\ 7×1.23×$$
$$体重 (kg)]÷0.5$$

二胎母牛的需要量：

$$磷 (g/日·头)=[1.1×0.014\ 3×体重 (kg)+0.99×$$
$$标准乳 (kg)+0.004\ 7×1.23×$$
$$体重 (kg)]÷0.5$$

2）生长母牛磷的需要量

体重 90～250 kg 的生长母牛：

$$磷 (g/日·头)=0.884+0.05×体重 (kg)+0.004\ 86×$$
$$日增重 (kg)$$

体重 250～400 kg 的生长母牛：

$$磷 (g/日·头)=7.27+0.021\ 5×体重 (kg)+0.006\ 02×$$
$$日增重 (kg)$$

体重大于 400 kg 的生长母牛：

$$磷 (g/日·头)=13.5+0.002\ 07×体重 (kg)+0.008\ 29×$$
$$日增重 (kg)$$

3）干奶母牛磷需要量

$$磷 (g/日·头)=[0.014\ 3×体重 (kg)+0.004\ 7×$$
$$胎儿增重 (kg)]÷0.5$$

4）公牛对磷的需要量

$$磷 (g/日·头)=0.012\ 5×体重 (kg)÷0.5$$

（3）食盐 对于泌乳母牛，按日粮干物质进食量的 0.46%
或按精料补充料的 1% 即可满足产奶母牛食盐的需要。对非泌乳
牛，按日粮干物质进食量的 0.25%～0.3% 即可满足需要。泌乳
母牛食盐的最大耐受量水平为日粮干物质的 4%；生长母牛食盐

的最大耐受量水平为9%。

(4) 钾 泌乳母牛钾的最低需要量为日粮干物质的0.9%，高产奶牛需1%，当热应激时钾的需要量增加，约为日粮干物质的1.2%。公牛和生长母牛钾的需要量为日粮干物质的0.65%。

(5) 镁 牛奶中含有大量的镁，约为0.015%，所以随泌乳量的增加镁的需要量也增加。母牛镁的维持需要量为2~2.5 g/日·头，每产1 kg奶另需0.12 g，一般占日粮干物质的0.2%，高产奶牛为0.25%~0.3%。犊牛每千克体重由日粮中进食12~16 mg镁即能满足需要，占日粮干物质的0.07%~10.1%，干奶母牛、公牛和生长牛均为0.16%。

(6) 硫 瘤胃微生物合成含硫氨基酸和某些B族维生素均需要硫。泌乳牛的硫需要量为日粮干物质的0.2%，干奶牛、公牛和生长牛均为0.16%。高产奶牛日粮中添加硫酸钠、硫酸钙、硫酸钾和硫酸镁时能维持其最适的硫平衡。保持泌乳牛最大日粮进食量的适宜氮硫比为10~12∶1。

(7) 铁 铁是血红蛋白、肌红蛋白、细胞色素和其他酶系统的必需成分，在将氧运送到细胞的过程中起重要作用。缺铁使奶牛犊牛生长缓慢、贫血、异嗜、皮肤和黏膜苍白、产奶牛产量下降。一般奶牛日粮铁为50~100 mg/kg即可满足需要（犊牛和生长牛为100 mg/kg，泌乳牛50 mg/kg）。奶牛对铁的最大耐受量为1 000 mg/kg，铁中毒多表现为腹泻、体温过高、代谢性酸中毒、饲料进食量和增重下降。

(8) 铜 缺铜可引起牛营养性贫血，被毛粗糙、褪色。严重缺铜多引起严重的下痢，体重迅速下降，生长停滞，骨骼脆弱，关节僵硬，发情率低，繁殖性能下降等。奶牛对铜的需要量为10~20 mg/kg，但日粮中钼的水平可影响铜的作用，二者相互拮抗，最佳的铜钼比为4~5∶1，奶牛对铜的最大耐受量为50 mg/kg。

（9）锌　锌与奶牛的生长发育、新陈代谢、繁殖机能和免疫功能密切相关，参与碳水化合物、脂肪、蛋白质和核酸的代谢。奶牛缺锌产奶量和乳品质下降，犊牛缺锌则生长发育停滞。奶牛对锌的需要量为 40 mg/kg，最大耐受量为 150 mg/kg。

（10）锰　锰在牛体内主要存在于骨骼、肝、肾等器官和组织中。锰的功能是维持大量酶的活性，对牙齿、骨骼的形成酶有活化作用，还可促进牛的繁殖机能和对中枢神经系统发挥作用。牛缺锰生长速度下降，骨骼变形，繁殖机能紊乱，新生犊牛畸形，怀孕母牛流产。奶牛对锰的需要量为 40 mg/kg，在应激条件下可达 90～140 mg/kg，生产条件下母牛为 40～60 mg/kg，0～6 月龄犊牛最佳量 30～40 mg/kg。

（11）钴　钴是牛胃肠道微生物合成维生素 B_{12} 所需的元素，进食的钴约有 3％ 被转化成维生素 B_{12}，主要合成部位是瘤胃，所合成的维生素 B_{12} 仅有 1％～3％ 被牛吸收利用，吸收部位在小肠后段。日粮中钴的吸收率在 20％～95％ 之间。牛体内贮存的钴，不能参与牛消化道中维生素 B_{12} 的合成，所以牛日粮中要经常提供钴才能保证微生物合成维生素 B_{12} 的需要。牛对钴的需要量为 0.1 mg/kg，生产条件下可增至 0.5～1 mg/kg，应激情况下可增至 2～4 mg/kg。

（12）碘　碘是合成甲状腺素的原料，而甲状腺素能够调节机体的能量代谢。牛缺碘症状是甲状腺肿大，产奶量降低，发育受阻，影响其繁殖机能。奶牛碘的需要量正常情况下为 0.25 mg/kg，泌乳牛和干奶牛为 0.6 mg/kg，最大耐受量 20 mg/kg。

（13）硒　硒是谷胱甘肽过氧化酶的成分，这种酶能协助防止生物膜的损害。硒能预防幼年奶牛的白肌病和繁殖母牛的胎衣不下。牛对硒的需要量为 0.3 mg/kg，其最大耐受水平为 2 mg/kg。

（14）钼　钼被认为是维持牛健康的必需元素，但还没有在生产实践中发现钼的缺乏症。钼的需要量为 1 mg/kg，一般日粮不会缺钼。

2. 矿物质供给

(1) 常量元素供给 奶牛常用的钙磷补充料为骨粉、磷酸氢钙，骨粉含钙 24%～30%、磷 10%～15%；磷酸氢钙含钙大约 23%、磷大约 18%。常用的钙补充料为碳酸钙（石灰石），其含钙量不低于 30%。常用的钾补充料为硫酸钾，镁补充料为氧化镁或硫酸镁，硫补充料为硫酸钠、硫酸钾、硫酸镁等。但一般情况下，日粮中钾、镁、硫即能满足机体需要，不需另加。

(2) 微量元素供给 微量元素的不同化学形式影响奶牛对微量元素的吸收和利用，研究证明不同化学形式微量元素的利用顺序为氧化盐＜硫酸盐＜碳酸盐＜有机盐。近年来，有机微量元素在反刍动物日粮中的应用引起了动物营养学界的关注，研制成功各种有机矿物质添加剂，现分别介绍如下。

金属氨基酸络合物：是由可溶性金属盐与一个或几个氨基酸形成的络合物。目前市售的金属络合物产品有蛋氨酸锌、赖氨酸锌、蛋氨酸锰、蛋氨酸铁和赖氨酸铜。在奶牛上对蛋氨酸锌和赖氨酸锌的研究较多。

矿物质蛋白盐：目前市场上已有的矿物质蛋白盐包括铜、钴、铁、锰、锌和铬蛋白盐。Spain 等（1993）在乳牛上利用氧化锌和 1/2 氧化锌＋1/2 锌蛋白盐进行了 20 周泌乳试验，在产奶量和体细胞计数上差异不显著，但饲以锌蛋白盐组的乳牛其新发生的乳房感染率明显降低。

硒酵母：硒酵母的主要成分为硒蛋氨酸。Pehrson（1995）用硒酵母和亚硒酸钠在奶牛上试验表明，硒酵母组奶中硒含量比亚硒酸钠组高 50 倍。这是由于硒存在于酵母细胞中可免遭瘤胃微生物分解，具有过瘤胃功能。

（六）维生素

维生素是奶牛维持正常生产性能和健康所必需的营养物质，传统认为，奶牛有功能性瘤胃，瘤胃微生物可合成大量的 B 族维生素以满足自身需要，另外，普通饲料中 B 族维生素含量丰富，不需要再补充 B 族维生素即可满足机体需要。但是，最近的研究表明，随着奶牛产奶量提高，日粮中精料比例的增加以及饲料加工过程中维生素的破坏作用，在日粮中补添某些水溶性 B 族维生素对提高奶牛的生产性能、改善乳质、增强免疫机能和繁殖功能、减少疾病的发生有显著的作用。

1. 维生素 A 和 β-胡萝卜素　维生素 A 维持正常的视觉、上皮组织的健全、骨骼的生长发育、脑脊髓液压、皮质酮的合成和繁殖机能。维生素 A 缺乏的主要特征是夜盲症和上皮组织角化症，其脑脊髓液压升高是最敏感的指示物之一。Eaton 等（1972）用维生素 A 需要量的对数作为脑脊液压对数的函数，估算维生素 A 的需要量。田允波（1990）报道，适量的维生素 A 和 β-胡萝卜素对公牛的内分泌调节、生殖器官的正常发育及精液品质都有显著作用，能够促进母牛的性成熟、受胎率和正常的繁殖机能，降低奶牛乳房炎，提高奶牛的繁殖机能。C、F、ARECHIGA 等研究表明，热应激状态下添加 β-胡萝卜素能够增加受胎率和产奶量。

NRC 建议，生长牛 β-胡萝卜素为 10.6 mg/100 kg 体重，妊娠和泌乳牛为 19 mg/10 kg 体重；干奶期维生素 A 为 40 000 IU/天，高产奶牛为 80 000 IU/天，低产奶牛为 51 600 IU/天。我国标准建议，生长牛 β-胡萝卜素 10～12.17 mg/100 kg 体重，妊娠和泌乳牛为 19.06～19.14/100 kg 体重；生长中维生素 A 4 000～4 860 IU/100 kg 体重，妊娠如泌乳牛为 7 600～7 700 IU 维生素 A/100 kg 体重。

2. 维生素 D_3　维生素 D 最基本的功能是促进肠道钙和磷的吸收，提高血清钙和磷的水平，促进骨的钙化。由于维生素 D_3 的代谢需要在肝脏中的转化，肝功能障碍时，造成 25-羟胆钙化减少，导致钙、磷代谢障碍，容易引起奶牛的软骨病。

NRC 建议：干奶期维生素 D_3 为 10 000 IU/天，高产奶牛为 25 000IU/天，低产奶牛为 1 600 IU/天。我国标准建议，维生素 D_3 为 6 500 IU/天。而最近的研究认为，干奶期维生素 D_3 为 31 500 IU/天，高产奶牛 40 000 IU/天，低产奶牛 32 500 IU/天才能最大限度发挥奶牛的生产性能和抗病能力。

3. 维生素 E 最新的研究表明，维生素 E 在动物体内具有广泛的生物学功能，适宜的维生素 E 补充可以增强奶牛的繁殖机能，减少乳房炎和胎衣不下，改善牛奶品质（赵伟，1999）。维生素 E 和 Se 联合使用可起到更显著的效果。I. PoLitis 报道，日粮添加 3 000 IU/头·日，肌肉注射 5 000 IU/头·日可以明显增加奶牛的免疫功能，降低乳房炎发病率。妊娠后期日粮同时添加维生素 E 和 Se 能够提高初乳的产奶量，增强仔畜的被动免疫和生长。

NRC 建议，干奶期维生素 E 为 150 IU/天，高产奶牛 375 IU/天，低产奶牛 240 IU/天。我国标准建议，维生素 E 添加量为 385 IU/天。而最新研究认为，干奶期为 280 IU/天，高产奶牛为 590 IU/天，低产奶牛 450 IU/天才能最大限度发挥奶牛的生产性能和繁殖能力。

4. 烟酸 烟酸可促进瘤胃微生物合成蛋白质，这可能是由于烟酸能够提高瘤胃中丙酸浓度，使乙酸和丁酸浓度降低的结果。烟酸能够减轻奶牛泌乳早期能量的应激，减少奶牛酮病，这是由于烟酸可使奶牛在分娩后血糖升高，血清中游离脂肪酸下降，减少脂肪分解，近而减少酮体（乙酰乙酸，丙酮和 β-羟丁酸）在牛体内的积蓄。添加烟酸能使奶牛的产奶量提高 2.3%～11.7%，乳脂率提高 2.0%～13.7%，奶牛每头日补饲大约 6 g 烟酸（200～400 mg/kg）比较理想，且补饲应从产犊前 2 周开始直到配种。

5. 硫胺素（维生素 B_1） 硫胺素有维护奶牛中枢神经系统正常功能、影响某些氨基酸的转氨作用和机体脂肪合成能力的作用。硫胺素缺乏的典型症状是脑灰质软化症，表现为精神不振、肌肉运动失调、进行性失明、痉挛和死亡等特征。最近的研究认为，饲喂奶牛高营养或高糖日粮会刺激瘤胃微生物合成一种硫胺素分解酶——一种破坏硫胺素的酶或与酶有关的物质，饲喂上述日粮能使硫酶素类似物在瘤胃内增多，这种物质抑制硫胺素的代谢（王放银译，1999）。目前对硫胺素的适宜添加量尚不确定，需进一步研究。

6. 维生素 B_{12} 维生素 B_{12} 对维持奶牛的正常营养，促进上皮的正常增生，加速红细胞的生成，以及保持神经系统髓磷脂的正常功能有重要作用。研究表明，缺乏维生素 B_{12} 会降低纤维素的消化率。维生素 B_{12} 的合成需要微量元素钴的参与，成年反刍动物可以利用钴合成满足自身需要的维生素 B_{12}，但幼龄反刍动物瘤胃功能尚不健全，故必须由日粮供给。研究认为，适宜的维生素 B_{12} 添加量为 0.34～0.68 g/kg 体重。

（七）其他促产奶添加剂

1. 缓冲剂 常用的缓冲剂有碳酸氢钠、碳酸钠、氧化镁、氢氧化钙和膨润土等。国外报道，缓冲剂可使采食量和产奶量分别提高 9％和 10％。许照雄（1988）报道，每头每日添加碳酸氢钠 150 g，产奶量提高 7.9％，乳脂率提高 13.3％。试验证实，碳酸氢钠和氧化镁合成效果好，其用量碳酸氢钠为 0.8％，氧化镁 0.4％（总干物质）。

2. 乙酸盐 据国外报道，日粮中添加乙酸钠，在乳脂率低的夏季，可提高产奶量 17％以上，提高乳脂率 0.2％～0.3％，而且乳质也得到提高。国内陈杰（1986，1989）指出，奶牛正常日粮中添加乙酸钠，产奶量提高 5.58％，乳脂率提高 10.58％，同时发现添加乙酸钠对奶牛高温季节应激有一定的缓冲作用。一般每头每天补给 300 g 即可。

*3. 异位酸 异位酸是丁酸、异戊酸、2-甲基丁酸和戊酸等化学物质的总称。美国科学家用异位酸作全泌乳期试验表明，平均每头每天多产奶 0.5～2.3 kg，泌乳初期添加产奶量提高10.6%。国内王加启报道，添加异位酸提高产奶量 15.4%，乳脂率提高 0.05%。异位酸的推荐用量，产奶前 2 周 45 g/头·日，产奶后 86 g/头·日。

4. 缩二脲 缩二脲含氮量 40.77%，蛋白当量为 255%，在奶牛体内生化过程基本和尿素相同，但缩二脲化学结构比尿素稳定。实验证明，在相同时间内饲喂尿素会出现高氨氮浓度，而饲喂缩二脲的氨氮浓度接近天然蛋白质的氨氮浓度，并证明缩二脲在瘤胃中释放氨的速度有利于微生物利用，从而提高了氮的利用率和产奶量。用缩二脲代替总蛋白含量的 30%，增奶效果优于尿素。

5. 磷酸脲 磷酸脲含氮 17.7%，磷 19.6%，蛋白当量为110%。乳牛每 100 kg 体重添加 18～20 g，提高产奶量效果显著。潘榕（1998）的实验证明，添加磷酸脲（120 g/天）所提供的氮量不超过奶牛氮需要量的 7%，可增加产奶量 9%，并且奶中有机物质、粗蛋白和钙、磷的排出量亦显著增加。

6. 脲酶抑制剂 脲酶抑制剂能使尿素、饼类饲料中的氮在奶牛瘤胃中逐步、缓慢地释放。周健民用脲酶抑制剂作的试验表明，日粮添加 25 mg/kg 脲酶抑制剂使其产奶量增加 16.7%，大批生产实践也证实这一点，投入产出比为 1∶3.07。

7. 复合酶 添加含有蛋白酶、脂肪酶、纤维酶等复合酶素，可将牛摄入体内的大分子物质分解成易消化的小分子物质，便于机体吸收利用，从而提高泌乳量。添加复合酶可提高产奶量7.3%、乳脂率提高 17.4%。

8. 酵母培养物 酵母培养物刺激瘤胃纤维素菌和乳酸利用菌的繁殖，改变瘤胃发酵方式，降低瘤胃氨的浓度，提高瘤胃微生物蛋白产量和饲料消化率等。试验证明，奶牛添加酵母培养物，产奶量增加 4.04%，乳脂率增加 5.77%。

二、精饲料加工技术

（一）常用的精饲料

1. 能量饲料 能量饲料是指每千克饲料干物质中消化能大于或等于 10.45 MJ 以上的饲料，其粗纤维小于 18%，粗蛋白小于 20%。能量饲料可分为禾本科籽实、糠麸类加工副产品。

（1）禾本科籽实 禾本科籽实是奶牛精饲料的主要组成部分。常用的有玉米、大麦、燕麦和高粱等。

1）禾本科籽实的饲料的营养特点

淀粉含量高：禾本科籽实饲料干物质中无氮浸出物的含量很高，占 70%～80%，而且其中主要成分是淀粉，只有燕麦例外（61%），其消化能达 12.5 MJ/kg 干物质。

粗纤维含量低：一般在 6% 以下，只有燕麦粗纤维含量较高（17%）。

粗蛋白含量中等：一般在 10% 左右，含氮物中 85%～90% 是真蛋白质，但其氨基酸组成不平衡，必需氨基酸含量低。

脂肪含量少：一般在 2%～5% 之间，大部分脂肪存在于胚芽中，占总量的 5%。脂肪中的脂肪酸以不饱和脂肪酸为主，易酸败，使用时应特别注意。

矿物质含量不一：一般钙含量较低，小于 0.1%；而磷较高，在 0.31%～0.45% 之间，但多以植酸磷的形式存在。钙磷比例不适宜。

适口性好，易消化。

另外，禾本科籽实中含有丰富的维生素 B_1 和维生素 E，而缺乏维生素 D，除黄玉米外，均缺乏胡萝卜素。

2）几种常见的禾本科籽实饲料

玉米：玉米是禾本科籽实中淀粉含量最高的饲料；70% 的无氮浸出物，且几乎全是淀粉。粗纤维含量极少，故容易消化，其有机物质消化率达 90%。玉米的蛋白质含量少，且主要为醇溶蛋白和谷蛋白，氨基酸平衡差，必需氨基酸含量低。饲喂玉米时，须与蛋白质饲料搭配，并补充矿物质、维生素饲料。

大麦：其蛋白质含量略高于玉米，品质也较玉米好，粗纤维含量高，但脂肪含量低，所以总能值比玉米低。由于大麦含较多纤维，质地疏松，喂乳牛能得到品质优良的牛乳和黄油。

高粱：其营养价值稍低于玉米，含无氮浸出物 68%，其中主要是淀粉，蛋白质含量稍高于玉米，但品质比玉米还差，脂肪含量低于玉米。高粱含有单宁，适口性差，而且容易引起牛便秘。

（2）糠麸类饲料　它们是磨粉业的加工副产品，包括米糠、麸皮、玉米皮等。一般无氮浸出物的含量比籽实少，为 40%～62%，粗蛋白含量 10%～15%，高于禾本科籽实而低于豆科籽实，粗纤维 10% 左右，比籽实稍高。

米糠中含较多的脂肪，达 12.7% 左右，因此易酸败，不易贮藏，如管理不好，夏季会变质而带有异味，适口性降低。但由于其脂肪含量较高，故其用量不能超过 30%，否则使乳牛生长过肥，影响奶牛正常的生长发育和泌乳机能。

麸皮的营养价值与出粉率呈负相关。麸皮粗纤维含量高，质地疏松，容积大，具有轻泻性，是奶牛产前及产后的好饲料，饲喂时最好用开水冲稀饮用。

玉米皮的营养价值低，不易消化，饲喂时应经过浸泡、发酵，以提高消化率。

2. 蛋白质饲料　蛋白质饲料中粗纤维低于 18%，粗蛋白大于 20%。包括植物性蛋白质饲料、动物性蛋白质饲料和微生物蛋白质饲料。

（1）植物性蛋白质饲料　常用的有豆粕、棉籽饼、花生饼、菜籽饼、亚麻饼、葵花饼、椰子饼等。

1）饼粕类蛋白质饲料的营养特点　其可消化蛋白质含量达

30%～40%，且氨基酸组成较完全。因加工方法不同，粗脂肪含量差别较大。一般压榨生产的饼粕脂肪含量高5%左右，而浸提法生产的饼粕脂肪含量低1%～2%。无氮浸出物含量少，约占干物质的30%。粗纤维含量与加工时是否带壳有关，不带壳加工，其粗纤维含量仅6%～7%，消化率高。维生素B丰富，胡萝卜素含量少，钙低磷高。

2）几种常用的饼粕类饲料

大豆饼（粕）：是饼类饲料中数量最多的一种，一般粗蛋白质含量大于40%，其中必需氨基酸含量比其他植物性饲料都高，如赖氨酸含量是玉米的10倍。因此，它是植物性蛋白饲料中生物学价值最高的一种。豆饼适口性好，营养全面，饲喂生长牛、泌乳牛和种公牛都具有良好的生产效果。

花生饼（粕）：脱壳花生饼粗蛋白含量高，营养价值与豆饼相似，但赖氨酸和蛋氨酸比豆饼少，色氨酸比豆饼高。喂花生饼时，最好添加动物性蛋白饲料，或与豆饼、棉籽饼混饲效果好。

棉籽饼（粕）：其粗蛋白含量仅次于豆饼，赖氨酸缺乏，蛋氨酸、色氨酸高于豆饼。棉籽饼虽含有棉酚，但喂牛（成年牛）不产生脲毒，对生产无不利影响。

（2）动物性蛋白质饲料　这类饲料蛋白质含量高，品质好，所含必需氨基酸较全，特别是赖氨酸和色氨酸含量丰富。因此，蛋白质生物学价值高，属优质蛋白质料。这类饲料不含纤维素，消化率高。钙磷比例恰当，B族维生素丰富。奶牛常用蛋白质饲料有鱼粉、血粉等。

鱼粉：鱼粉是奶牛生产中最好的蛋白质补充饲料，一般粗蛋白50%～65%，含有各种必需氨基酸，鱼粉中含有 ω - 3 脂肪酸，其蛋白质的过瘤胃值高，在高产奶牛的饲养中是很理想的蛋白质饲料。

血粉：血粉含蛋白质80%以上，粗脂肪1.4%～1.5%，血粉也是过瘤胃值高的蛋白质饲料。

按照《饲料和饲料添加剂管理条例》规定，禁止在奶牛饲料中添加乳及乳制品以外的动物源性成分。

（3）DDGS 饲料　DDGS 是酒糟蛋白饲料的商品名，即含有可溶固形物的干酒糟。在以玉米为原料发酵制取乙醇过程中，淀粉被转化成乙醇和二氧化碳，其他营养成分如蛋白质、脂肪、纤维等均留在酒糟中。同时由于微生物的作用，酒糟中蛋白质、B 族维生素及氨基酸含量比玉米均有所增加，并含有发酵中生成的未知促生长因子。

市场上的玉米酒糟蛋白饲料产品有两种：一种为 DDG（Distillers Dried Grains），是将玉米酒精糟作简单过滤，滤清液弃掉，滤渣干燥后而获得的饲料；另一种为 DDGS（Distillers Dried Grains with Solubles），是将滤清液浓缩后再与滤渣混合干燥而获得的饲料。后者的能量和营养物质总量均明显高于前者。

由于 DDGS 的蛋白质含量在 26% 以上，已成为国内外饲料生产企业广泛应用的一种新型蛋白饲料原料，通常用来替代豆粕，可以直接饲喂反刍动物。

在使用 DDGS 时一定要掌握确切的营养成分，判断优缺点。另外，在对动物健康方面应该注意霉菌毒素问题。因为 DDGS 水分含量高，谷物已破损，霉菌容易生长，因此霉菌毒素含量很高，可能存在多种霉菌毒素，会引起家畜的霉菌毒素中毒症。所以必须用防霉剂和广谱霉菌毒素吸附剂。

DDGS 能够提高瘤胃发酵功能，提供过瘤胃蛋白质，转化纤维为能量，适口性和食用安全性强，是磷、钾等矿物质的优秀来源。由于新鲜或干燥 DDGS 中脂肪和有效纤维替代可溶性碳水化合物和淀粉有助于瘤胃维持微生态的平衡和 pH 稳定，因此，新鲜或干燥 DDGS 能减少瘤胃酸中毒。DDGS 在过瘤胃蛋白质、优秀的适口性和有效纤维的安全性方面具有独特性，在代乳料中用量达 20%；补乳料中用量达 20%；母牛的用量为总采食干物质的 25%。

（4）微生物蛋白质饲料　这类饲料蛋白质含量很高，在 40%～50%之间。主要是菌体蛋白，其中真蛋白质占到 80%，蛋白质的品质介于动物性蛋白饲料与植物性蛋白饲料之间。目前应用较多的是石油酵母，其蛋白质消化率很高，达 95%左右，但其利用率却不高，为 50%～59%。如添加 0.3%消旋蛋氨酸，可起到氨基酸平衡的作用，大大提高石油酵母的消化率和利用率。

（二）预混料生产技术

预混料是由同一类的多种添加剂或不同类的多种添加剂按一定配比制作而成的匀质混和物，由于添加剂的成分在预混料中占的比例很小，大多以 mg/kg 或 g/kg 计算。奶牛常用的预混料添加剂比例有 1%～5%，是由多维素、微量元素、常量矿物元素、部分蛋白质饲料、非营养性添加剂与载体混合而成。

1. 维生素预处理　奶牛常用的维生素有维生素 A、D、E，高产奶牛还需添加烟酸、硫胺素和维生素 B_{12} 等。由于维生素的添加量很小，一般先用少量载体将维生素进行预稀释，再与大量原料混合，这样能保证维生素的混合均匀。

2. 微量元素预处理　奶牛常用的微量元素一般以无机盐的形式添加，有硫酸锰、硫酸铜、硫酸锌、硫酸亚铁、亚硒酸钠、碘化钾和氯化钴等。有些无机盐易吸水结块，所以用时须先进行粉碎处理，碘化钾和氯化钴在预混料中用量极微，为便于混合均匀，通常将二者准确称量，然后各以 1∶15～1∶20 的比例溶解于水，再分别照 1∶500 的比例喷洒在石粉等载体，吸收剂上进行预混。奶牛对硒的需要量也极微，而亚硒酸钠为剧毒物质，亲水性强，极易溶于水。因此，必须进行预处理，一般是将亚硒酸钠加入 81.4 ℃热水中，经过 5 min 完全溶解后制成 10 kg 水溶液，然后喷洒在搅拌机内的麸皮粉上，混合均匀，制成硒稀释剂，再与其他原料混合使用。

3. 载体和稀释剂的选择　载体是能够承载或吸附微量活性添加成分的微粒。微量成分被载体所承载后，其本身的物理特性某些发生改变或不再表现出来，而所得"混合物"的有关物理特性（如流动性、粒度等）基本取决于载体的特性。通常对载体的基本要求是：①载体本身为非活性物质，对所承载的微量成分有良好的吸附能力而不损害其活性；②对配合饲料的主要原料有良好的混合性；③化学稳定性好，不具有药理活性；④价格低廉。所谓稀释剂是指混合于一组或多组微量活性组分中的物质，它可将活性微量组分的浓度降低，并把它们的颗粒彼此分开，减少活性成分之间的相互反应，以增加活性成分的稳定性。稀释剂的特性是：①稀释剂本身为非活性物质，不改变添加剂的性质；②稀释剂的有关物理特性，如粒度、相对密度等应尽可能与相应的微量组分相接近，粒度大小要均匀；③稀释剂本身不能被活性微量成分所吸收、固定；④稀释剂应是无害的畜禽可食用的物质；⑤水分含量低、不吸潮、不结块、流动性好；⑥化学性质稳定，不发生化学变化，pH 为中性，应在 5.5～7.5 之间；⑦不带静电荷。奶牛常用的稀释剂和载体有沸石粉、石粉等化学性质稳定者。

4. 生产技术

（1）应注意的几个问题　①防止和减少有效成分的损失，保证预混料的稳定性和有效性。选择稳定性好的原料，在维生素方面，宜选择经过稳定化处理的原料；使用硫酸盐微量元素，应尽量减少其结晶水，或改用氧化物，也可选用有机微量元素；控制氯化胆碱的用量，因其吸水性强，对维生素有破坏作用；维生素应超量添加，尤其贮存时间超过 3 个月时；应加入质量好的抗氧化剂、防结块剂和防霉剂等。②微量组分的稳定性。在正常贮存和使用条件下，预混料中微量元素、维生素等组分的物理和化学性质稳定，但当水分含量高时，其稳定性差，损失率大，应严格控制预混料的含水量，最好不超过 5%。

（2）**氨基酸添加问题** 许多试验证实，添加过瘤胃蛋氨酸和赖氨酸可提高产奶量和经济效益，这要根据具体情况可由奶牛场自行添加。

（3）**计量与混合** 对于微量成分的计量，应选用电子秤，精确到 0.01 g，大量原料可使用磅秤。混合机多种多样，普通方式，混合机由于其上料速度慢，容易产生自动分离，卸料速度慢等的缺点，最好使用卧式双螺带混合机或锥形混合机等。

（4）**包装与贮存** 预混料包装袋大多用三合一纸袋，其优点是防水、避光、不漏料和不易损坏。一般 20～25 kg/袋。由于预混料中含多种活性微量成分，其相互作用机会增加，贮存过程中应注意防潮。

（三）浓缩料生产技术

浓缩料是由微量元素、维生素、氨基酸、非营养性添加剂、矿物质和蛋白质饲料组成，是一种半成品饲料，不能单一使用。与一定比例的能量饲料和粗饲料相混合，可以得到全价饲料。

1. 配制原则

满足或接近标准原则：按设计比例加入能量饲料乃至蛋白质饲料或麸皮、秸秆等之后，总的营养水平应达到或近似于奶牛的营养需要量。

依据动物特点：依据奶牛不同品种、不同生理阶段设计不同的浓缩料。

质量保护原则：应严格控制水分含量，使用优良的防霉剂、抗氧化剂等。

适宜比例原则：应根据不同地区的资源特点，确定适宜的比例，以方便群众和经济实惠。

2. 生产技术

（1）所用原材料在配成全价料后不应超过其合理的使用范围。

（2）浓缩料中微量成分需事先配成预混料，这样能充分保证浓缩料的混合均匀性，也能方便生产。

（3）计量与混合：除微量成分用电子秤计量，大量原料可用磅秤，大多数浓缩饲料厂采用微机自动计量装置，可采用卧式双螺带混合机混合。

（4）包装与贮存：浓缩料可用有内衬的编织袋贮存，包装重量一般 20～40 kg，袋上注明各种主要指标等。

（四）精料混合料生产技术

奶牛精料混合料又称精料补充料，是为补充奶牛青粗饲料的营养不足而配制的全价日粮。精料混合料的生产技术与全价配合饲料相同，可以由浓缩料生产精料混合料，也可以由预混料生产，还可以将各种微量成分直接与常量成分混合生成精料混合料，由各种原料直接配制时最好也应该先将微量成分预混，然后再将全部原料一起混合。以常规蛋白质饲料生产精料混合料的方法与单胃动物相同，由于奶牛能够利用非常规蛋白质饲料，下面介绍一个非蛋白类含氮化合物生产技术应注意的问题。

利用非蛋白质类含氮化合物来配制奶牛精料时，应考虑把这类化合物的含氮量折算成粗蛋白质的量，一方面可以设法延缓氨的释放速度，另一方面选用能较快提供碳架的碳水化合物或脂类饲料。使用非蛋白质含氮类化合物主要是借助于瘤胃微生物的作用来进行氨基酸和蛋白质的合成，因此在饲料配合时应首先考虑增强微生物活动所需的条件，适当补充必需的营养素如硫、磷、钙、维生素 A、维生素 D 等。

奶牛精料还可利用液体非蛋白质类含氮饲料，但配制饲料时必须遵循严格的投料顺序，以防止形成冻胶状或发生盐析现象。

投料顺序可按如下进行：

（1）在混水中溶解含氮化合物使之成为溶液，含氮化合物可以是干的或液状的尿素、磷酸二铵、聚磷酸铵等。

（2）投入温热的糖蜜。糖蜜作为能源之一可使用甜菜糖蜜、甘蔗糖蜜、玉米糖蜜、高粱糖蜜等等，一般温热糖蜜的温度为45℃左右。

（3）加入磷源。可用水溶性聚磷酸铵、磷酸二铵、磷酸钠、磷酸以及一价磷酸钙和磷酸钙等。

（4）投入钙质和食盐。钙源用乙酸钙或氯化钙。

（5）添加溶在水中的微量元素和硫酸钠，微量元素宜用水溶性好的硫酸盐。

（6）添加可在水中弥散的维生素 A 棕榈酸酯。

（7）加入水中稳定的抗生素。

将上述按顺序充分拌匀后再脱去水分，可用膨润土粗粉作载体进行稀释，然后再与能量饲料混合成精料，或者将粗料粉碎后与精料混合制粒，成为全价混合日粮。

三、秸秆青贮饲料的制作与利用技术

饲料加工的方法有物理的和化学的方法，通过对饲料的加工，可以改变其物理形态，改善其适口性，消除饲料中一些有毒、有害成分，提高其营养品质，提高饲料的利用价值。在奶牛饲养上，对秸秆类粗饲料常用的加工技术主要有青贮技术。

（一）青贮原理

青贮是利用微生物的乳酸发酵作用，达到长期保存青绿多汁饲料的营养特性的一种方法。青贮过程的实质是将新鲜植物坚实地堆积在不透气的容器中，通过微生物（主要是乳酸菌）的厌氧发酵，使原料中所含的糖分转化为有机酸——主要是乳酸。乳酸在青贮原料中积累到一定浓度时，就能抑制其他微生物的活动，从而控制原料被微生物分解破坏，将原料中的养分很好地保存下来。随着青贮发酵时间的发展，乳酸不断积累，乳酸积累的结果使酸质增强，pH 下降到 4.0 左右，乳酸菌自身亦受抑制而停止活动，发酸结束。青贮发酵完成一般需 17～21 天。原料是在密闭并停止微生物活动的条件下贮存的，因此可以长期保存。青贮过程大体可分三个阶段，第一阶段：青贮原料装填镇压并封好，水分适当时，其温度在 20～30 ℃之间，此时通过好气性细菌及霉菌等作用，产生醋酸。此阶段越短对青贮料越有利。第二阶段：由于氧气的不断耗尽，青贮原料好气菌逐渐停止活动。在厌氧乳酸菌的作用下，糖类酵体产生乳酸发酵过程开始。第三阶段：乳酸菌迅速繁殖，形成大量乳酸，使腐败菌和丁酸菌活动受到抑制，随后乳酸菌的繁殖亦被自身产生的大量乳酸所抑制，青贮原料转入稳定状态。

（二）青贮原料的选择

乳酸菌的发酵需要一定的糖分，因此要求青贮的原料要有一定的糖分含量，原料含糖多的易贮，如玉米秸、瓜秧、青草等禾本科类。含糖分少的难贮，如花生秧、大豆秸等。对于含糖分小的原料，可以和糖多的原料混合青贮，也可添加 3%～5%的玉米面或麦麸单贮。现就常用的青贮原料介绍如下。

1. 禾本科作物

（1）玉米　玉米青贮有 4 种形式，即全株青贮、果穗青贮、去穗茎秆青贮及玉米籽粒青贮。全植株青贮的收获期为蜡熟期到黄熟期；去穗茎秆青贮是玉米果穗成熟收获后，茎秆有一半以上的绿叶，立即收割玉米秆进行青贮，玉米籽粒湿贮水分为 20%～28%；果穗青贮是将玉米穗破碎后湿贮，水分 30%～25%，谷实湿贮可防止谷物霉烂，其消化率与晒干谷物相近。谷物湿贮适于多雨、湿度大、霜冻早的地区。饲喂奶牛提倡全株青贮。

（2）高粱　高粱秆株高 3 m 左右，产量高。茎秆内含糖量高，特别是甜高粱，可调制成优良的青贮饲料，适口性好。一般在蜡熟期收割。

此外，冬黑麦、大麦、无芒雀麦、苏丹草等均是优质青贮原料，收割期约在抽穗期。禾本科作物由于含有2%以上的可溶性糖和淀粉，青贮制作容易成功。

2. 豆科作物　苜蓿、草木樨、三叶草、紫云英、豌豆、蚕豆等通常在始花期收割。因其含蛋白质高，糖分少，在制作高水分青贮时应与含可溶性糖、淀粉多的饲料混合青贮。例如与玉米高粱茎秸混贮，与糠麸混贮，与甜菜、甘薯、马铃薯混贮或者经晾晒水分低于55%，半干青贮。

3. 蔬菜、水生饲料　胡萝卜缨、白菜、甘蓝、马铃薯秧、红薯藤、南瓜秧以及野草、野菜、水生饲料等。因含水显高，糖分低不易青贮，通常经晾晒水分降至55%以下进行半干青贮或者与含糖分高、水分低的其他饲料混贮。

(三) 青贮方法

1. 青贮设施　生产中常用的青贮设施主要有青贮窖、青贮壕。对青贮设施的要求是不漏水、不透气、密封性好，内部表面光滑平坦。

2. 青贮方法

(1) 常规青贮　适时收割原料。青贮料的营养价值除与原料种类、品种有关外，收割时期也直接影响品质。适时收割能获得较高的收获量和最好的营养价值。

切碎装填：切碎的目的是便于装填时压实，增加饲料密度，创造厌氧环境，促进乳酸菌生长发育，同时也提高青贮设施的利用率，且便于取用和家畜采食。装填原料时必须用人力或借助机械层层压实，尤其是周边部位压得越紧越好，最大程度地排出里面的空气，装填时要尽量避免带入其他杂质。

密封与管理：装填完毕，要用塑料薄膜密封，然后上面再用土压实，以隔绝空气，要绝对避免雨水浸入，密封后要经常检查是否漏气、漏水，以及时修复。

（2）半干青贮　原料收割后适当晾晒，使原料含水量迅速降到 45%～55%，切碎，迅速装填，压紧密封，控制发酵温度在 40 ℃以下。日常管理同常规青贮。半干青贮能减少饲料营养损失，兼有干草和常规青贮的优点，干物质含量比常规青贮饲料高 1 倍。

（3）混合青贮　混合青贮指将营养含量不同的青饲料合理搭配后进行青贮。常用的混合青贮法有干物质含量高和低的搭配青贮，含可发酵糖太少的原料与富含糖的原料混合青贮两种方法。如豆科类和禾本科类的混合青贮。

（4）添加剂青贮　为了使青贮料营养更加完善，或使不容易青贮的原料更好地贮存起来，或使营养在动物消化道内更好地被利用，在青贮过程中可适当应用一些添加剂。根据应用的目的不同又可分为以下几类。

提高青贮料中蛋白质含量的添加剂：如果原料中含蛋白质并不高，装窖时向原料中均匀地撒上尿素或硫酸铵混合物 0.3%～0.5%。青贮后，每千克青贮料中可消化蛋白质增加 8～11 g；玉米青贮料加 0.2%～0.3% 的硫酸钠，可使含硫氨基酸增加 2 倍；添加 0.5%～0.7% 的尿素，亦可提高青贮料中的粗蛋白质含量。这是由于添加物通过青贮微生物的利用形成菌体蛋白所致。

化学防腐添加剂：如添加甲醛、甲酸、蚁酸等，以制止微生物活动，使不容易青贮的原料更好地贮存起来，达到保存的目的。

使养分能被动物更好地利用的添加剂：如日本产"百宝"牌青贮饲料添加剂，系淡黄色易溶于水的粉末，是一种附着有淀粉酶和纤维酶的干燥浓缩酸菌。其主要特征：一种是 4 种纯发酵型乳酸菌（类链球菌、啤酒小球菌、胚芽乳酸菌和干酪乳酸菌促成饲料发酵）；二是淀粉酶，可将青贮的淀粉转化为带菌糖，纤维素酶可将纤维素转化为葡萄糖。

此外添加胚芽乳酸杆菌或 0.05% 的 α-淀粉酶，也有利于发酵。

（四）青贮技术要点

1. 排除空气 乳酸菌是厌氧菌，只有在没有空气的条件下才能进行生长繁殖，如不排除空气，就没有乳酸菌存在的余地，而好气的霉菌、腐败菌会乘机孳生导致青贮失败。因此在青贮过程中原料要切短（3 cm 以下），踩实，密封严。

2. 创造适宜的温度 青贮原料温度应在 25～35 ℃时，乳酸菌会大量繁殖，很快便占主导优势，致使其他杂菌都无法活动繁殖；若料温达 50 ℃时，丁酸菌就会生长繁殖使青贮料出现臭味，以至腐败。因此除要尽量踏实、排除空气外，还要尽可能缩短铡草装料过程，以减少氧化产热。

3. 收割时间的确定 利用农作物秸秆青贮，要掌握好时间，过早会影响粮食生产，过迟会影响青贮品质。玉米秸秆的收贮时间，一看籽实成熟程度，乳熟早、枯熟迟、蜡熟正适时；二看青黄叶比例，黄叶差，青叶好，各占一半就嫌老；三看生长天数，一般中熟品种 110 天就基本成熟，就是说套播玉米在 9 月 10 日左右，麦后直播玉米在 9 月 20 日左右，就应收割青贮。

4. 装填及密封 装填青贮饲料时要逐层装入，每层 15～20 cm，装一层踩实一层，边装边踩实，直至装满并超出窖口 20～30 cm 为止。窖顶用厚塑料布封好，四周用泥土把塑料布压实，防止漏气和雨水流入。冬季为了保温，顶部可以适当压些湿土或铺一些玉米秸。

（五）青贮饲料的利用

青贮饲料装窖密封，经过 1.5 月后，便可以开窖饲喂。如果暂时不需要，就不要开封，什么时候开，在利用青贮饲料时应注意以下几方面的问题。

1. 喂青贮料之前要进行品质检查

（1）化学鉴定法 化学鉴定法主要测定青贮饲料的 pH、有机酸含量和酸败与否。pH 3.8～4.2，游离酸含量 2% 左右，其中乳酸占 1/3～1/4，不含高丁酸，无腐败，为优良青贮饲料。pH 4.6～5.2 者为低劣青贮饲料。

（2）感观鉴定法　生产中常用此法，简便易行，快速准确。鉴定指标见表 2-2。

表 2-2　感观鉴定青贮饲料等级指标

等级	气味	酸味	颜色	质地
优良	芳香酸味	较浓	绿色或黄绿	柔软湿润，保持茎、叶、花原状，松散，叶脉反绒，毛清晰可见
中等	芳香味弱，稍有酒精或酪酸味	中等	黄褐色或暗绿色	基本保持茎、叶、花原状，柔软、水分稍多或稍干
低等	刺鼻	淡	严重变色，褐色或黑色	茎、叶结构保持极差，黏漏或干燥、粗硬、腐烂

2. 使用中要注意管理，防止二次发酵和发霉变质　青贮饲料使用时要从一头打开，一旦开启，就必须连续取用，由表及里一层一层地取，使青贮料始终保持一个平面，切忌打洞取用。取料后立即封平盖，防止日晒、雨淋、二次发酵，避免养分流失、质量下降、发霉变质。发霉、发黏、黑色及结块的要弃去。

3. 掌握好喂量　青贮饲料用于奶牛，喂量大约为 15～20 kg/天。

四、青绿多汁饲料生产技术

（一）紫花苜蓿栽培技术

紫花苜蓿喜土质疏松、排水良好、富含钙质、中性偏碱的土壤，成株能耐 0.3% 的氯化盐土壤，不耐水淹，生长期间 24～48 h 水淹，会造成植株死亡，休眠期抗水淹能力比生长期要强。

根系发达，二年生的根系达 6～7 m，能吸收土壤深层水分，抗旱性强，最适宜生长在降水量 500～800 mm 地区。生长年限一般 4～6 年，3～4 年产量最高。再生性强，能刈割 3～4 茬，第一茬产量占总产量的 50%～55%，第二茬占 20%～25%，第三茬占 10%～15%，第四茬占 10% 左右。紫花苜蓿营养价值高，适口性好，粗蛋白含量高达 20%，必需氨基酸的含量比玉米高，其中赖氨酸的含量比玉米高 5 倍，微量元素丰富，超过玉米含量。每千克紫花苜蓿其中含钼 0.2 mg、钴 0.2 mg、胡萝卜素 18.8～161 mg、维生素 C 210 mg、维生素 B 5～6 mg、维生素 K 150～200 mg。高产苜蓿每公顷产粗蛋白质 1 500～3 000 kg，相当于 18.75～37.5 t 玉米所含的粗蛋白质。紫花苜蓿可以做干草、青饲、青贮和放牧利用。做干草可自然风干，也可机械烘干，然后做成草捆贮藏。也可加工成草粉、草块贮藏。青贮时与禾本科牧草混合后，效果好。放牧利用也要在苜蓿与禾本科牧草混播的草地上放牧，否则会发生膨胀病。

播种：选择土壤肥沃、土层深厚的中性土壤，经翻耕、耙平、镇压后播种。也可在播前用除草剂灭草后再播种。播种期因地区和当时土壤墒情而定。若土壤水分好，春播当年有一定的产量；夏末播种，水分充足；冬季寄籽播种，可缓解劳力紧张，苗期生长苗壮。苜蓿可以和一种或多种禾本科牧草，如鸭茅、无芒雀麦、猫尾草、羊草、苏丹草组成混播草地。播种前，要进行种子处理，减少硬实率。并用根瘤菌拌种或做成丸衣化种子，保证苗齐苗壮。生产上利用的苜蓿草地，多用条播，行距 30～40 cm，也可撒播，每公顷播种量 7.5～15 kg。

施肥：苜蓿有大量的根瘤，可提供自身生长需要的一部分氮素，但是，随着产量的提高，氮素仍感不足，特别是幼苗期，要施氮肥。据研究，每公顷施 455～1 365 kg 氮素，有利于产量的提高。磷肥在苜蓿生长中有重要意义。一般植株中含磷 0.2%～0.4%。临界值为 0.25%，在 1/10 开花时低于 0.23% 为缺磷，一般每公顷每年要施 $50\sim90$ kg 的五氧化二磷。钾肥可减少草丛退化，正常的植株，钾的含量为 $1\%\sim2\%$，缺钾时小叶边缘上出现白斑。镁是叶绿素的组成部分，参与代谢和油脂的合成，缺镁的饲草可导致家畜患搐搦症，正常植株顶部镁为 $0.31\%\sim1.00\%$。硫是某些氨基酸的组成成分，并与氮有互作效应，缺硫，蛋白质形成受阻，上部叶片变黄，严重时延缓成熟，降低产量。正常的植株在 1/10 开花时，硫的含量为 $0.22\%\sim0.25\%$。钼与固氮菌有关，苜蓿在 1/10 开花时，钼的含量应少于 5 mg/kg，过量也会引起中毒。另外，苜蓿对硼、镁、铁、锌都有明显的需要，高产苜蓿要满足这些要求。

浇水：紫花苜蓿耐干旱，对水分没有临界期和敏感期，缺水或淹水都影响生长。其生长最适的田间持水量为 $38\%\sim75\%$，当根层田间持水量在 $20\%\sim30\%$ 时，则植株凋萎，每次刈割后要浇水。砂土每 $3\sim7$ 天浇 $25\sim38$ mm，中壤土每次浇 $38\sim76$ mm。越冬前要适当控制浇水，提高其抗寒力，越冬后，浇水可促进幼苗生长。

收割：收割时期的选择，要根据产量、叶茎比、总可消化物质含量、对再生草的影响、对病虫害的控制及单位面积获得的总营养物质产量。大量的研究表明，在 1/10 开花期是最佳收割时期。这个时期总可消化物质、粗蛋白质及微量元素含量都较高。留茬高度对产量和越冬都有影响，特别是多次收割后，根系碳水化合物贮藏量下降，影响再生草生长，一般留茬以 5 cm 为宜。

（二）甜高粱栽培技术

甜高粱喜温暖，抗热性强，不耐寒，抗旱性强。遇旱气孔关闭，叶内卷、暂时休眠，一旦获水又能迅速恢复生长。苗期需水少，拔节到抽穗需水多。后期耐涝，只要穗子露出水面，可以 $20\sim30$ 天不死，排水后恢复生长，仍可获得较高产量。耐盐碱，是盐碱地的先锋作物。甜高粱忌连作。最好的前作是豆类和浅根作物，其后可种大豆、小麦、谷子。甜高粱幼苗生长较慢，必须整好地，要求耕深 10～20 cm，耕后及时耙糖、镇压、蓄水，为播种创造良好条件。甜高粱对氮、磷、钾反应敏感。据研究，每生产 100 kg 籽粒吸收氮 2～4 kg、磷酸 1.5～2 kg、氧化钾 3～4 kg，苗期吸收少，拔节到抽穗阶段最多，抽穗以后吸磷最多。除结合深耕每公顷施基肥 37 500～45 000 kg 有机肥外，应在生长期间追肥 1～2 次。

通常 5 cm 处地温稳定在 12 ℃以上时开始播种。一般 4 月中甜高粱每公顷留苗 75 000～105 000 株；青刈甜高粱 150 000～180 000 株。每公顷播量普通甜高粱 30 kg，青刈甜高粱 37.5～45 kg。条播行距 40～50 cm，播深 3～4 cm，播后镇压。幼苗出现 3～4 叶时间苗，10 cm 高时定苗，生长期间中耕除草 2～3 次。苗期一般不灌水，需要蹲苗，拔节以后需水肥多，要求田间持水量 70%～80%，遇旱需灌水 1～2 次，拔节期或分别在拔节期、抽穗期追肥，前期多追氮，后期重施磷，多穗高粱要求多追氮。发现黑穗病株要及时烧掉或深埋。青刈甜高粱抽穗至乳熟期收割，每公顷产鲜草 22 500～30 000 kg；青贮用在乳熟至蜡熟期收获，每公顷收青贮料 37 500～52 500 kg；制干草在抽穗期刈割为宜。

（三）冬牧 70 黑麦栽培技术

冬牧 70 黑麦为禾本科一年生草本植物。具较强的适应性与抗寒性，能耐－40 ℃严寒，耐瘠、耐盐碱。对土壤要求不严，瘠薄的沙性土或酸性土也能种植。冬季后枯黄，返青早，春季生长迅速，冬、春可放牧利用，为冬、春难得的青绿饲料。孕穗后刈割，再生性差。当前种植较多的品种是冬牧 70 黑麦，1979 年自美国引入，它特耐寒、返青早，生长快，产草最高，草质好，抗病力强，是解决早春青饲料不足的最好品种。冬牧 70 黑麦 9 月中下旬播种。每公顷播量 100～110 kg。冬前压青两次，可促进分蘖和提高越冬率。抽穗前刈割，一年可刈割 3～4 次，每公顷产鲜草 50 000～58 000 kg，种子每公顷产 1 800～3 000 kg。黑麦草质柔嫩、适口性好，可消化率高，青饲、青贮、制干草牛均喜食。抽穗以后青草营养价值下降，影响饲用效果。鲜草消化率：粗蛋白质为79%、粗脂肪74%、无氮浸出物71%、粗纤维80%，是极有发展前途的饲料作物。

（四）籽粒苋栽培技术

籽粒苋是苋科一年生草本植物，喜温暖湿润，不耐寒，幼苗遇0℃，即受冻害，成株遇霜很快死亡。籽粒苋耐干旱，水分条件好时，可促进生长提高产量。不耐涝，积水地易烂根死亡。对土壤要求不严。耐瘠薄，抗盐碱。旱薄沙荒地、黏土地、次生盐渍土壤均可种植，可作垦荒地的先锋作物。但疏松肥沃的砂壤土生长最好。

籽粒苋耗地力强，忌连作。可与麦类、豆类作物轮作、间种。因种子小，顶土力弱，要求粗细整地。结合深耕每公顷施有机肥 22 500～30 000 kg 作基肥。一般为春播，地温 16 ℃以上即可播种。于 4 月中旬至 5 月中旬麦收后播种。条播、撒播或穴播。播种量每公顷 10 kg 左右，可掺入 3～4 倍湿沙或粪土播种，覆土 1～2 cm，播后轻压。遇旱宜浇后再播。也可育苗移栽。苗期生长缓慢，易受杂草危害，4 叶期及时间苗和定苗，中耕、除草、灌水，8～10 叶期生长加快，宜追肥灌水 1～2 次，每公顷施尿素 300 kg。收青饲料的每公顷留苗 15 万～30 万株，采种田留苗 6 万～7.5 万株。留种田在现蕾开花期喷施或追施磷、钾肥，促使结籽多，结饱籽。每次刈割后，结合中耕除草，追肥灌水。青刈籽粒苋于现蕾期收割，留茬 20～30 cm，一年可收 2～3次，每公顷产鲜草 7.5 万～15 万 kg。采种田在花序中部种子成熟时收割，每公顷收种子 1 500～3 000 kg。

籽粒苋的营养价值很高。必需氨基酸含量全，赖氨酸含量尤高。籽粒中含蛋白质 14%～19%，赖氨酸 0.92%～1.02%，还有丰富的钙和维生素 C。是家畜优良精料。叶片蛋白质含量23.7%～24%，茎脆嫩，纤维素含量低，适口性好，是优质青饲料。收籽粒后的秸秆仍为绿色，可以青贮饲喂。

（五）胡萝卜栽培技术

胡萝卜在饲料轮作中占有重要地位，是春、秋、冬季重要的多汁饲料。前作最好是禾谷类、叶菜类和瓜类作物。麦收后复种胡萝卜。豆茬地的氮肥过多，易造成茎叶徒长，根小，品质差。选地势低平、土质疏松、连年施底肥的土地为宜。前作收获后及时深翻 20～25 cm，而后纵横细耙 2～3 遍，使耕层深厚，地表平整疏松，墒情适当，无杂草。深翻前每公顷施充分腐熟的有机肥 30 000～45 000 kg 及速效氮肥 112.5～150 kg。

胡萝卜种子为瘦果，有刺毛易粘成一团，不易播种均匀，又阻碍种子吸水发芽，故播种前将种子充分晾干，搓去刺毛。再用温水浸泡 8～12 h 晾干后，掺入与种子等量的细沙播种。在 7 月上旬至下旬播种。撒播、条播均可。条播行距 15～20 cm，播深 1～2 cm，播后轻踩覆土，然后浇水。每公顷用种子 15 kg。也可起垄栽培。其法是，在耕播时用犁起垄，垄距 50 cm，垄宽 45～60 cm，垄高 12～15 cm，垄顶耙平后条播两行种子，浅覆土 1.5 cm，垄高 12～15 cm，垄顶耙平后条播两行种子，浅覆土 1.5 cm，踩实后顺垄浇水。也可在甜瓜、西瓜地中混种或套种，既可收获瓜类，又可额外收入一茬胡萝卜。在麦田间、套玉米地中，当小麦收获后，在玉米行间套种胡萝卜，是粮菜、粮饲兼收的好方法。

胡萝卜苗期生长缓慢，不耐杂草，应及时中耕、除草和间定苗。齐苗后开始中耕并疏去过密的弱苗，保持株距 1 cm 左右，出现 4～5 片真叶时，第二次中耕并定苗，株距 6～8 cm，7～8 片叶片时，最后一次中耕除草。每公顷留苗 30 万～45 万株。胡萝卜需水肥较多，才能获得高产。定苗后第一次追肥以氮为主，以后每隔 20 天左右追第二或第三次肥，后期应重施钾肥，以促进根、叶生长发育，改善肉质根的品质。特别要注意当长出 12～13 片真叶时，正值肉质根肥大期，要结合追肥灌水，满足肉质根迅速膨大需要。如遇干旱，生长缓慢，出现黄梢时，要及时灌水。

胡萝卜异花授粉，易与其他野生种子天然杂交。因此采种母根需隔离栽培，隔离区宜 2 000 m 以上，有树林、房屋障碍物时，隔离区可在 1 000 m 以上。种用母根应选用优良品种培育，或在生产大田中选用品种纯正，根形整齐，大小适中，表面平整光滑，肉质致密，髓部较小的直根作种根，不削顶，无损伤，晒一天后，置于 3 ℃的窖中贮存过冬，第二年春冬解冻后，植于大田。采种田宜选用地势平坦，肥力较高的田块，于地表温度达 8～10 ℃时定植，行距 60～70 cm，株距 30～40 cm，挖 30～40 cm深，施腐熟厩肥与土拌匀后，将种斜置入穴中，覆土踩实，露出叶柄。土壤干旱时可座水栽植，寒冷地区宜覆盖马粪防寒保温。成活后中耕除草，追肥灌水。抽苔后因枝权太多，易倒伏，可以搭支架或用草绳固定。因侧枝多，开花很不整齐，后开的花常不能结籽成熟，反消耗了养分，因此需要打权整枝，一般每株可留下主茎和 3～4 个健壮的侧枝，余皆摘除。

瘦果变黄即可收获，因成熟不一致，可分批采种。种子收获后放在干燥处风干后脱粒，贮于高燥处。每公顷可收种子 600～750 kg。肉质根充分肥大，外部叶片开始发黄时为收获适期。多在 10 月中旬收获。一般每公顷产直根 30 000～45 000 kg，同时产叶片 22 500～30 000 kg。收获过晚，易遭冻害，直根粗硬，品质下降。胡萝卜茎叶是青贮的好原料。青贮可以减少晒制中营养的损失，青贮料有浓厚的果香味，可提高适口性，并能长期保存不变质。也可将叶和直根打浆单贮，或与玉米混贮。也可制干草。直根是冬、春季良好的多汁饲料。一般在收获后削去叶子和根头部，晾 1～2 天后入窖藏，窖温保持 3 ℃左右，经常检查，防止窖温升高，块根腐烂。胡萝卜是高营养的饲料作物，直根和叶含有较多蛋白质、糖和多种维生素，是奶牛冬春不可缺的维生素饲料，尤其是胡萝卜素含量高，少量喂给即可满足奶牛对胡萝卜素的需要。

（六）串叶松香草栽培技术

串叶松香草产量高、营养丰富，单位面积蛋白质产量高于玉米和豆科牧草，适应性强，好管理，是极有发展前途的青贮饲料作物。串叶松香草为多年生草本植物。根系由根茎和营养根两部分组成。串叶松香草喜暖湿润，但抗旱不耐涝，喜微酸性及中性土壤，肥沃的砂壤或壤土最好。第一年营养生长，莲座状，第二年抽苔开花结实。第一次刈割再生茎可抽薹，第二次再生草莲座状。生育期 110 天左右。可生活 10~15 年。

播前深耕细，施足底肥，每公顷施圈肥 37 500 kg，磷肥 250 kg，氮肥 225 kg。选首批采收的种子作种用。播前晒 2~3 h 后，用 25~30 ℃水浸 12 h，拌入细沙于 20~25 ℃室内催芽，3~4 天后种子露白即播种。3~8 月均可播种，北方多春播，也可冬季寄籽。条播或穴播，每公顷播量 7.5~15 kg；穴播的每穴 3~4 粒种子。覆土 1.5~2 cm，忌深播。也可育苗移栽、分株或切根繁殖。育苗的，长出 3~4 片真叶、叶长 20 cm 时移栽；分株繁殖的于 3 月中、下旬母株芽叶出土 20~30 cm 时进行，一年生植株可分 8~15 棵；切根繁殖的将根茎切成带芽的小块种于大田，或经温床育苗 40 天，新叶长 15~20 cm 时出圃移栽。青刈用每公顷留苗 5 万株左右，行距 40~50 cm，株距 35~40 cm，收种用每公顷 0.9 万~1.2 万株，行距 1 m，株距 35~40 cm；收种用每公顷 0.9 万~1.2 万株，行距 1 m，株距 60~80 cm。青饲用株高 60~70 cm 时刈割，青贮宜在开花期刈割。夏播及种子田当年不刈割。春播的可刈一次，每公顷产鲜草 5 万 kg 以上，第二年割 2~3 次，每公顷产草 10 万~20 万 kg，留茬 10~15 cm。种子易落粒，成熟不一致，每隔 3~5 天分期采收一次。每公顷产 750~1 500 kg。串叶松香草营养丰富，干物质中含粗蛋白质 23.4%，粗纤维 2.7%，粗纤维 10.9%，无氮浸出物 45.7%，粗灰分 17.3%，含赖氨酸 1.16%~1.4%，及较多的维生素 C、E、胡萝卜素和必需的氨基酸。鲜草青脆可口，喂几天后即可适应。最适宜青贮。因含苷类物质，勿长期单一饲喂，防积累中毒，要掌握好日粮搭配。

五、副产品利用

（一）糟类

1. 酒糟

（1）分布及资源量　我国酿造业非常发达，酒类产量很大。2000 年全国生产各种酒类共计达 1 752.72×10⁴ t，其中白酒和曲酒 547×10⁴ t，葡萄酒 24×10⁴ t。据有关资料报道，每生产 1 kg 白酒或曲酒、啤酒、葡萄酒，可分别产生 3.75 kg、0.78 kg、0.42 kg 酒糟。仅 1992 年各种酒糟总计达 2 880×10⁴ t，主要分布在酒类生产区，白酒产量最多的是山东、四川、浙江、江苏、河南等省；啤酒产量最高的是山东省，其次为浙江、辽宁、河北、黑龙江等地。

（2）营养价值

白酒糟：白酒糟类的营养价值随原料的种类和加工方法而异。最常用的原料为玉米、甘薯、高粱等。几种主要白酒糟及其营养成分见表 2-3。

表 2-3　几种主要白酒糟和营养成分（％）

样品	粗蛋白	粗脂肪	粗纤维	无氮浸出物	灰分	钙	磷
玉米白酒糟	19.4	5.6	18.8	47.9	8.3	0.50	0.21
高粱白酒糟	17.23	7.86	19.43	11.54	44.01	—	—
大麦白酒糟	20.51	10.50	19.59	8.80	40.81	—	—
宜宾五粮液酒糟	13.4	3.8	27.3	34.0	21.5	0.45	0.33
泸州大曲酒糟	17.8	7.4	37.6	34	13.3	0.26	0.41
薯干酒精糟	20.6	7.2	18.1	—	12.3		
玉米酒精糟	34.10	17.89	13.46	33.48	4.79	0.31	0.39

啤酒糟：啤酒糟是由大麦麦芽、谷皮、其他谷物、残化糖渣干燥而成。其粗蛋白质含量高于白酒糟，无氮浸出物约占

39%～43%。啤酒糟可作为蛋白质饲料，但粗纤维含量高。

啤酒酵母：啤酒酵母是发酵终产物残渣经干燥而成，含蛋白质50%左右，是优质蛋白质饲料。必需氨基酸、赖氨酸、蛋氨酸含量高于豆粕，同时富含B族维生素、矿物质及未知生长因子。

麦芽根：大麦在制作啤酒前需发芽干燥脱根，所得的根为麦芽根，数量占原大麦的3%～5%。麦芽根粗蛋白质含量26%左右，其中1/3是酰胺酸，对单胃动物营养价值不高。麦芽根富含B族维生素和未知生长因子，且含糖化酶、半乳糖酶、蛋白酶等消化酶，有助于动物消化。麦芽根含有大麦芽碱，味苦，适口性不好，同时钙少磷多。

果酒糟：果酒是利用水果榨汁、将汁水发酵酿造出来的。所用原料不同，果酒糟的营养成分也不同。我国果酒产量以葡萄酒为主，葡萄酒厂的下脚料如葡萄籽、皮和梗，含有一定量蛋白质、矿物质等。但限制性氨基酸如赖氨酸、色氨酸和含硫氨基酸含量很低，其粗纤维含量也高，所以只能替代饲料中的部分籽实和麸皮饲用。王敬勉等（1997）采用三株菌种混合固态发酵的方法，大大提高了其营养价值。葡萄酒渣经发酵后，纤维素含量由22.68%下降到13.88%，粗蛋白由12.08%增加到29.96%，提高了1.5倍，氨基酸、钙、磷等都有所增加。

各种酒糟的营养成分见表2－4、表2－5、表2－6。

表 2 - 4 几种酒糟类的氨基酸组成 （%）

组成	去壳酒糟	玉米酒精糟	啤酒糟	啤酒酵母	麦芽根	葡萄酒渣	发酵后葡萄酒渣
CP	12～14	27～32	27.0	50.0	26.0	—	
精氨酸	0.44	0.85～1.03	1.27	2.94	1.11	0.90	1.62
赖氨酸	0.28	0.6～0.8	0.88	3.79	1.22	0.47	0.99
蛋氨酸	0.07	0.4～0.5	0.46	0.79	0.33	0.22	0.79
胱氨酸	1.07	0.29～0.4	0.35	0.39	0.23	0.11	0.22

组成	去壳酒糟	玉米酒精糟	啤酒糟	啤酒酵母	麦芽根	葡萄酒渣	发酵后葡萄酒渣
色氨酸	—	0.19	0.37	0.67	0.41	—	—
组氨酸	0.19	0.71	0.52	1.10	0.53	0.34	0.44
异亮氨酸	0.49	1.05	1.54	2.30	1.09	0.47	1.02
亮氨酸	0.80	3.34	2.49	3.52	1.63	0.89	1.91
苯丙氨酸	0.49	1.38	1.44	1.46	0.91	0.51	1.08
缬氨酸	0.08	1.45	1.61	2.84	1.45	0.69	1.21
苏氨酸	0.38	0.9～1.01	0.9	2.38	1.01	0.36	0.91
天门冬氨酸	0.81	1.79	—	—	—	1.01	1.86
丝氨酸	0.46	0.98	—	—	—	0.45	1.03
谷氨酸	2.70	4.82	—	—	—	2.30	3.94
甘氨酸	0.51	1.05	—	—	—	0.82	1.70
酪氨酸	0.20	0.88	—	—	—	0.29	0.85
脯氨酸	0.33	2.32	—	—	—	0.57	0.98
丙氨酸	0.80	2.04	—	—	—	0.60	1.25

表 2-5　啤酒糟、果酒糟的主要营养成分（%）

样品	水分	粗蛋白	粗脂肪	粗纤维	灰分	钙	磷
珠江啤酒厂麦糟	7.9	27.2	6.3	16.7	4.1	0.19	0.32
日本啤酒麦糟	7.0	25.0	6.0	15.0	4.0	0.25	0.48
美国啤酒麦糟	8.0	27.1	6.6	13.2	3.6	0.32	0.51
啤酒糟	10.0	27.0	7.4	14.6	3.9	0.10	0.40
啤酒酵母	10.0	50.0	1.0	1.8	8.6	0.10	0.20
麦芽根	10.0	26.0	1.3	13.5	6.4	0.2	0.70
葡萄酒糟	9.0	11.8	7.2	29.0	9.3	0.55	0.05

表 2-6　葡萄酒渣发酵前后的主要营养成分含量（%）

项目	水分	精蛋白	粗脂肪	粗纤维	灰分	钙	磷
发酵前	9.26	12.08	4.14	22.68	6.85	0.39	0.27
发酵后	8.60	29.96	4.27	13.88	6.86	0.53	0.99

（3）酒糟的贮存保鲜　酒糟含水量大，不宜放置过久，尤其是夏天，极易腐败变质，产生大量有机酸、多种杂醇油及毒素等，使其失去饲喂价值。下面介绍几种保存方法。

晒干：对当日喂不完的酒糟要薄摊于水泥地面上晾晒，当含水量降到 15％左右时便可较长时间保存。此法的缺点是需要较大的场地，不适于阴雨天气，空气中湿度大时晒干也需较长时间。

窖贮：将酒糟放入暂时不用的青贮窖或氨化池内压实密封，造成厌氧环境，以抑制大多数腐败菌的繁殖，在经常检查防止漏气的情况下，可使酒糟保鲜，贮存时间可达 1 个月以上。但开窖后应和青贮一样，随取随喂，以防变质。

坑贮：根据贮存量就地挖坑，深约 1 m，池底、四壁用水泥抹光或衬垫塑料薄膜，将购入的暂不喂的酒糟装入坑内，不可堆积过厚，用脚踩实，越实越好，使其中的空气逸出。喂时由上向下一层层取喂，一般冬季可贮存半个月，夏季 7～8 天仍可保鲜。也有人用同样的土坑保存，踩实时使糟中的水分渗入土中而保存。坑上应建棚防日晒雨淋。此法适于较少量的短期保存，可减少损失和浪费。

（4）奶牛饲喂酒糟的注意事项

喂量要适度：关于酒糟的适度喂量说法不一，根据各地的经验和试验，日喂量以 7～8 kg 为宜，在产奶量明显提高的同时，对牛的健康没有明显的影响。有的资料认为，泌乳牛的日喂量一般不要超过 10 kg（尤其是夏季），最高限量为 15 kg。否则有可能产生不良影响，并且在经济上也未必合算。

一定要新鲜：酒糟含水量大，保鲜时间短，高温时更易酸败产生有毒物质，喂牛可导致中毒甚至死亡。因此饲喂酒糟一要保证新鲜，对一时喂不完的要采取适当方法进行保存。对贮存不当稍有发酵的酒糟，饲喂时每日每头添加 $150\sim200$ g 小苏打，可中和酸，一般无不良影响；而严重酸败的酒糟不可再用，以免损害牛的健康。

注意营养平衡：酒糟含有丰富的粗蛋白，其中大部分为过瘤胃蛋白，这也是酒糟催奶效果好的原因之一。但其营养不够全面和平衡，饲喂奶牛时其提供的营养不能满足产奶量增加的需要，因而要提高精料浓度，以免奶牛消耗自身营养影响健康。另外，酒糟钙磷含量低且比例不合适，其中所含有机酸可与钙形成不溶性的钙盐而影响钙的吸收，所以饲喂酒糟时应补钙，建议骨粉占日粮精料的 2%。在用于酒糟配制日粮时，用量一般不宜超过干物质总量的 30%。

由于奶牛在泌乳初期常处于营养负平衡状态，所以对产后 1 个月内的泌乳牛应尽量不喂或仅喂少量酒糟，否则会延迟生殖系统的恢复，对发情配种产生不利影响。

奶牛饲喂酒糟时如出现慢性中毒，应立即减少喂量并及时对症处理，尤其发生蹄叶炎时，必须作急症处理，否则造成极大损失。

2. 酱油糟和醋糟

（1）资源量及分布　酱油糟和醋糟是酱油和醋发酵过程中所留下的残粕。酱油的原料主要是大豆、蚕豆、豌豆、麦麸和食盐等，制醋的原料主要有麦麸、高粱及少量碎末。我国酱油糟和醋糟的资源量为 $40\times10^4\sim50\times10^4$ t，全国各地均有分布。

（2）营养成分　酱油糟和醋糟含有丰富的蛋白质和脂肪，同时还含有丰富的 B 族维生素、无机盐、未发酵淀粉、糊精和有机酸等，但其纤维含量高，热能和消化率低。酱油糟中粗灰分多为食盐，在配合日粮中一定要注意不可用量过高。醋糟中含有丰富的微量元素铁、锌、硒、锰等，但其醋酸含量高，也应控制用量，酱油糟、醋糟的营养成分见表 2-7。

表 2-7　酱油糟、醋糟的一般营养成分（%）

样品	水分	粗蛋白质	粗脂肪	粗纤维	粗灰分	无氮浸出物	钙	磷
酱油糟	10	29.2	18.5	13.6	6.17	32.5	0.45	0.12
醋糟	10	24.1	—	8.5	—		2.0	0.8

试验表明，乳牛饲料中添加 20% 以下对采食量、产乳量及乳脂率均无不良影响。

（二）渣类

1. 玉米淀粉皮渣　玉米皮渣中含有大量的纤维及一定量淀粉和少量蛋白质，属于高纤维、低蛋白、低热能饲料。但目前大型的玉米淀粉厂常将玉米皮渣干燥，再和胚芽饼及浓缩玉米浆混合，制取玉米纤维蛋白饲料，其粗蛋白质含量达 20% 以上。玉米淀粉皮渣对牛的消化率可达 73.2%，在牛日粮中添加到 30% 不会影响产奶量和乳脂率。

2. 豆腐渣　豆腐渣是以大豆为原料，通过浸泡、磨制、凝固等方法所制成的豆腐副产品。豆腐渣含 19.4%～31% 的粗蛋白质，此外，还含有较高的粗纤维和脂肪，但维生素含量很少。鲜豆腐渣含水分 70%～90%，风干渣中含水分约 10%。豆腐渣蛋白的氨基酸组成与大豆蛋白相似，赖氨酸含量高，蛋氨酸含量较低。

3. 粉渣　粉渣是制作粉丝、粉条、粉皮等食品的残渣。因原料不同，营养成分也有差异，鲜粉渣含可溶性糖，由于乳酸菌的作用，部分变为乳糖，因而粉渣具有酸味，一般 pH 为 4.0～4.6，存放时间越长，酸度越大，且易被霉菌和腐败菌污染变质。粉渣干物质中的主要成分为无氮浸出物、不溶性维生素，蛋白质和钙、磷含量少。由于其是酸性饲料，奶牛日粮中应少喂或与碱性饲料混用。几种渣类饲料的营养成分见表 2-8、表 2-9、表 2-10。

表 2-8　玉米淀粉渣和豆腐渣的营养成分（%）

产品名称	干物质	粗蛋白	粗脂肪	粗纤维	无氮浸出物	粗灰分	钙	磷
玉米淀粉渣	88	11.2	3.89	10.54	60.4	1.97	0.29	0.11
豆腐渣 （青岛大豆）	—	30.7	5.0	23.8	39.6	1.0	0.5	0.3
豆腐渣 （平均值）	—	30.0	7.9	19.1	40.0	3.6	0.5	0.3

表 2-9　干甜菜渣的营养成分（%）

干物质	粗蛋白	粗脂肪	粗灰分	粗纤维	无氮浸出物	钙	磷
90.6	8.7	0.5	4.8	18.2	58.4	0.68	0.09
100.0	9.6	0.6	5.3	20.1	64.5	0.75	0.10

表 2-10　粉渣的营养成分（%）

类别	干物质	粗蛋白	粗纤维	总能（MJ/kg）	钙	磷
绿豆	14.0	2.1	2.8	2.55	0.06	—
	100.0	15.0	20.0	18.29	0.42	
玉米	15.0	3.3	0.9	3.01	—	—
	100.0	22.3	6.5	19.96	—	—
马铃薯	25.0	1.1	2.5	4.44	—	—
	100.0	3.2	2.1	18.00	0.35	
甘薯	10.0	0.5	2.0	1.67	—	—
	100.0	5.0	20.0	16.65	—	—
扁豆	18.2	3.8	2.0	3.43	0.07	—
	100.0	20.8	10.9	18.79	0.38	

六、饲料配方技术

（一）配方设计条件

1. 营养性 饲料配方的理论基础是动物营养原理，饲养标准则概括了动物营养学的基本内容，列出了正常条件下动物对各种营养物质的需要量，为制作配合饲料提供了科学依据。然而，动物营养需要受很多因素的影响，配合饲料时应根据当地饲料资源及饲养管理条件对饲养标准进行适当地调整，使确定的需要量更符合动物的实际，以满足饲料营养的全面性。

2. 安全性 制作配合饲料所用的原料，包括添加剂在内，必须安全当先，慎重从事。对其品质、等级等必须经过检测方能使用。发霉变质等不符合规定的原料一律不要使用。对某些含有毒有害物质的原料应经脱毒处理或限量使用。

3. 实用性 制作饲料配方，要使配合日粮组成适应不同动物的消化生理等特点，同时要考虑动物的采食量和适口性。保持适宜的日粮营养物质浓度，既不能使动物吃不了，也不能使动物吃不饱，否则会造成营养不足或过剩。

此外，制作饲料配方必须保证较高的经济效益，以获得较高的市场竞争力。为此，应因地制宜，充分开发和利用当地饲料资源，选用营养价值较高的、而价格较低的饲料，尽量降低配合饲料的成本。

（二）配方设计方法

青粗饲料及混合精料是奶牛的营养来源，而青粗料的供应因不同地区、不同季节和不同生产用途而异。因此，在奶牛生产中，要经常根据青粗饲料的供应情况进行计算，并调整混合精料的喂量。为便于计算过程直观，现举例将整个计算过程列于下表：

例：设计一个第二胎，体重 500 kg，日产奶 20 kg，乳脂率 3.5%，气温为 28 ℃ 的配合日粮配方。

1. 计算奶牛营养需要（按饲养标准） 奶牛的营养分维持需要、产奶需要及母牛二胎需要、运动和环境温度对能量的需要等（表 2-11，Ⅰ）。

2. 计算奶牛采食青粗料获取的营养 奶牛采食青粗料的种类及其数量，主要视当地青粗料的供应情况而定。其各种营养的计算公式为：某营养 = 青粗料采食量 × 饲料营养成分（表 2-11，Ⅱ）。

3. 计算混合精料应提供的营养

公式为：某营养 = 营养需要 − 青粗料营养（表 2-11，Ⅲ）。

表 2-11

计算步骤		天 M	NEL	CP	Ca	P
Ⅰ营养需要 （饲养标准）	维持需要	6.56	8.98	488	30	22
	产奶需要	9.6	14	1 600	84	56
	第二胎需要	0.656	0.898	48.8	3	2.2
	环境温度需要	—	0.898	—	—	—
	运动需要	—	0.898	—	—	—
	合计	16.817	25.225	2 136.8	110	80.2
Ⅱ青粗饲料 提供的营养	象草 20 kg	3.242	4.2	400	20	18
	野草 20 kg	5.064	7.6	334	2	24
	大豆苗 5 kg	1.758	2.3	16.9	18	14.5
Ⅲ精料应提 供的营养		4.953	9.825	1 145	48.4	23.1
Ⅳ	精料浓度	—	1.984	23.12	—	—
Ⅴ配合精料	花生饼 1.34 kg	1.201	2.734	587.456	4.4	7.4
	麸皮 2.44 kg	2.181	3.758	403.82	4.6	27.1

计算步骤		夭 M	NEL	CP	Ca	P
	玉米饼 1.62 kg	1.362	3.37	158.76	8.9	0.5
Ⅵ采食营养 与标准比例		−0.201	0.035	5	−30.5	11.9
需补钙粉			0.14		29.7	

4. 混合精料的配合

（1）混合精料浓度的计算（手工方法）　即每千克混合精料干物质的营养含量，主要是能量和粗蛋白质。计算公式：

$$某营养浓度 = \frac{某精料营养}{精料干物质}$$

（2）各种混合原料用量的计算　不论采用电脑或手工计算方法，由于奶牛采食量大，允许对总干物质采食量有少量的差异。可采用二元一次方程的求解方法，具体做法是将所选的原料分为能量饲料和蛋白饲料，并分别计算出混合的能量饲料及蛋白质饲料的能量和蛋白质含量，然后建立二元一次方程组求解，最后确定各原料的使用量。

5. 采食营养与标准比较　采食青粗料及混合精料的总营养与营养需要比较，并调整到与营养需要基本一致（主要是钙、磷）。

（三）典型配方示例

1. 泌乳初期的日粮组成、精料配方及饲养方法

（1）精料配方　我国奶牛饲养地区所用粗料，平均粗蛋白质含量在 5%～8%，产奶净能为 3.766～4.184 MJ/kg；在这样的粗料条件下，其精料配方应为：玉米 45%、豆饼（粕）19%、玉米高蛋白 18%、麸皮 10%、DDGS 5%、磷酸氢钙 1.7%、碳酸钙 0.4%、食盐 0.8%、强化微量元素与维生素添加剂 0.1%。

（2）日粮组成　产后 0～30 天的泌乳牛，每日每头采食精料 6.5 kg、啤酒糟 8 kg、玉米青贮 10 kg、干草（羊草）4.5 kg。产后 31～70 天的泌乳牛，每日每头精料 10 kg、啤酒糟 12 kg、玉米青贮 15 kg、干草 4.5 kg。精饲料与粗饲料的比例，按干物质计算，分别约为 55%：45% 和 60%：40%。

2. 泌乳中期的精料配方、日粮组成及饲养要点

（1）精料配方　玉米 50%、熟豆饼（粕）20%、麸皮 12%、玉米高蛋白 10%、酒糟蛋白饲料 5%、磷酸氢钙 1.6%、碳酸钙 0.4%、食盐 0.9%、强化微量元素与维生素添加剂 0.1%。

（2）日粮组成　精料为，每产 2.7 kg 常乳给 1 kg 精料，每产 2.5～3 kg 常乳给 1 kg 鲜啤酒糟（或饴糖糟、豆腐渣）。粗料为，每日每头牛 20 kg 玉米青贮、4 kg 羊草（或中等质量野干草）。

3. 泌乳后期的精料配方、日粮组成及饲养要点

（1）产奶水平为 8 000～8 500 kg 的高产奶牛　此阶段日产奶量为 26 kg，再加上增重需要则为 30 kg 产奶水平，乳脂率为 3.5%。其精料配方为，玉米 50%、熟豆饼（粕）10%、棉仁饼 5%、胡麻饼 5%、花生饼 3%、葵籽饼 4%、麸皮 20%、磷酸氢钙 1.5%、碳酸钙 0.5%、食盐 0.9%、微量元素和维生素添加剂 0.1%。

（2）产奶水平为 7 000 kg 的牛　此阶段日产奶量为 20 kg，加增重需要，按 25 kg 计算，乳脂率为 3.5%。其精料配方为，玉米 50%、熟豆饼（粕）10%、葵籽饼 5%、棉仁饼 5%、胡麻饼 5%、麸皮 22%、磷酸钙 1.5%、碳酸钙 0.5%、食盐 0.9%、微量元素和维生素添加剂 0.1%。

（3）产奶水平为 6 000 kg 的牛　此阶段日产奶量为 17 kg，加增重需要按 22 kg 计算，乳脂率为 3.5%。其精料配方为，玉米 50%、熟豆饼（粕）10%、麸皮 24%、棉仁饼 5%、葵籽饼 5%、芝麻粕 3%、磷酸氢钙 1.5%、碳酸钙 0.5%、食盐 0.9%、微量元素和维生素添加剂 0.1%。

（4）日粮组成　泌乳后期不同产奶水平牛的日粮组成及其营养水平见表 2-12、表 2-13。

表 2 – 12　泌乳后期不同产奶水平牛的日粮组成

日产奶量 (kg/日·头)	日粮组成			
	精料 (kg/日·头)	干草 (kg/日·头)	青贮玉米 (kg/日·头)	精粗比 (%)
30	12	4.5	20	51：49
25	10	4	20	49：51
22	8.8	4	20	46：54

表 2 – 13　泌乳后期不同产奶水平牛日粮的营养水平

产奶量 (kg/日·头)	产奶净能 (MJ/kg 干物质)	粗蛋白质 (%)	粗纤维 (%)	钙 (%)	磷 (%)
30	6.778	16	17.4	0.6	0.4
25	6.778	15.8	18.7	0.6	0.4
22	6.360	15	19.7	0.7	0.5

1991 年美国介绍了一个高产奶牛的典型日粮结构（表 2 – 14、表 2 – 15）。该奶牛体重 600 kg，日产奶量为 40 kg（乳脂率为 3.5%，相当标准乳 37 kg）。

表 2 – 14　高产奶牛不同阶段的日粮结构

（日粮每千克干物质中所含养分）

期别	产奶净能 (MJ/kg)	粗蛋白质 (%)	粗纤维 (%)	钙 (%)	磷 (%)	钙/磷	日产奶量 (kg)	乳脂 (%)
干乳期	6.305	9.14	23.6	0.55	0.37	1.15/1	—	—
0～30 天	7.284	18.1	14.1	0.88	0.59	1.49/1	27.33	3.76
31～70 天	7.489	19.3	13.8	0.91	0.64	1.43/1	37.97	3.39
71～120 天	7.615	16.8	13.8	1.07	0.77	1.34/1	39.19	3.38
121～210 天	7.502	16.4	14.9	1.03	0.74	1.39/1	30.48	3.42

期别	产奶净能(MJ/kg)	粗蛋白质（%）	粗纤维（%）	钙（%）	磷（%）	钙/磷	日产奶量（kg）	乳脂（%）
211～270 天	7.640	16.5	13.7	1.09	0.79	1.38/1	25.96	3.61
271～300 天	7.531	15.2	14.4	1.08	0.80	1.35/1	18.22	3.70
全期产奶							9 145$\overline{X}$3.52	
笔者试验	7.619	16.8	14.0	1.07	0.77	1.34/1	$\overline{X}$35.52	4.0
1988 年美国家畜研究委员会标准	6.778	16.0	17.0	0.64	0.41	1.56/1	35	4.0
1994 年日本奶牛饲养标准	6.983	15.0	16.0	0.64	0.38	1.68/1	35	4.0

表 2-15 高产奶牛典型日粮实例（%）

（以干物质为基础计算）

饲料	I	II	III	IV	V	VI	VII
苜蓿干草	50	55	—	27.4	50	25	45
玉米青贮	—	—	60	27.4	—	25	—
高水分玉米	41.2	—	17.2	32.9	—	29	35.3
大麦	—	38	—	—	42	—	—
棉籽饼	—	—	—	—	7.1	—	8.3
全棉籽	—	—	—	—	—	—	10
豆饼	7.7	6	20.9	11.1	—	8.7	—
全大豆	—	—	—	—	—	10	—
磷酸氢钙	0.3 (0.6)	0.5 (1)	0.5 (1)	0.7 (1.4)	0.4 (0.8)	0.4 (0.9)	0.3 (0.6)
磷酸氢钠	0.3 (0.6)	—	—	—	—	0.4 (0.8)	—

饲料	Ⅰ	Ⅱ	Ⅲ	Ⅳ	Ⅴ	Ⅵ	Ⅶ
石粉	—	—	0.9 (1.8)	—	—	0.9 (2)	0.5 (1)
食盐	0.5 (1)	0.5 (1)	0.5 (1)	0.5 (1)	0.5 (1)	0.5 (1)	0.5 (1)
氧化镁	—	—	—	—	—	0.1 (0.2)	0.1 (0.2)
产奶炕能（MJ/ kg 干物质）	6.987	6.904	7.155	7.071	6.820	7.238	7.110
粗蛋白质	17	17	17	17	17	18	18
酸性洗涤纤维	17.5	20	19.4	18.3	20.8	17.6	20.2
钙	0.80	0.86	0.64	0.64	0.83	0.90	0.91
磷	0.42	0.42	0.43	0.44	0.42	0.41	0.42

注：表中括号内的数字是精料内所含的百分数。

七、全混合日粮饲喂操作管理

全混合日粮（TMR）代替传统饲喂方式是奶牛饲养的又一次革命。避免了传统饲喂方式中诸如奶牛挑食、瘤胃酸度高、机械化程度低、劳动成本高、饲料浪费严重等弊端。TMR 是一种将粗料、精料、矿物质、维生素和其他添加剂充分混合，能够提供足够的营养以满足奶牛需要的饲养技术。奶牛每采食一口日粮都是精粗比例稳定、日粮浓度一致的全价日粮，这有利于牛只瘤胃 pH 稳定，确保奶牛瘤胃健康。作为一种成熟的奶牛饲喂技术，TMR 在以色列、美国、意大利、加拿大等国已经普遍使用，在我国也在逐渐推广使用。

如果能恰当地使用 TMR 方式饲喂奶牛，将会有以下优势：奶牛产量提高；干物质采食量增加；乳脂率提高；疾病发生率下降；繁殖率提高；减少饲料浪费；大大节约劳力时间。

管理技术是有效使用 TMR 的关键，良好的管理能够使奶牛场获得最大的经济利益。

（一）分群

1. 成乳牛分群　成乳牛分群大致原则是根据泌乳阶段和产量，分为高、中、低产（三个大群，主要提供三个大配方），干奶早期，干奶后期三个牛群。对处在泌乳早期的奶牛，不管产量高低，都应该提高干物质采食量，归入高产群。对于泌乳中期的奶牛（产奶量相对较高）或很瘦的奶牛应该归入早期牛。无论采用那种饲喂体系，分组饲喂始终是有效饲喂的一种重要方法；把根据奶牛的营养需要相似状况的奶牛分在同一组将能最大限度地发挥 TMR 的饲喂作用。

为了尽可能满足高产奶牛的营养需要，有必要对组内的产奶量加以适当调整，经过调整以后的产量应该是目标产奶量。举例来说，第一组 TMR 配制时应在实际产奶量加 30%，第二组 TMR 配制时应在实际产奶量加 20%，第三组 TMR 配制时应在实际产奶量加 10%。以这种产量为目标而配制的日粮将能满足泌乳早期奶牛的营养需要，并能使泌乳后期的奶牛恢复体膘。

分组原则：

首先要注重产奶量的高低，同时考虑体况、年龄和怀孕阶段。

头胎奶牛与经产牛分开饲喂。

空怀奶牛单独分组饲喂有利于牧场管理。

处在泌乳后期但膘度较差的奶牛应关养在高产组以使其能恢复体膘。

每一组内的奶牛其产奶量差异不应超过 10 kg。

各小组间的营养浓度差异不应超过 15%，以避免奶牛消化不良。

当改变 TMR 饲喂小组时，每次转群的奶牛越多越好。最好在晚上转群，因为晚上活动较少，能减少应激。

必要时可以采用部分 TMR 法，TMR＋精料：最高产的成乳牛或头胎牛，在正常饲喂 TMR 基础上每天分 2～3 次额外添加 1.4～3.6 kg 精料；TMR＋草料：后期牛或者低产牛可以单独再添加 0.9～2.3 kg 的干草（头/日）。

2. 后备牛群　后备牛群一般按照月龄分群，但是主要配方大致可分为 3 种：4～7 月龄、7～11 月龄、12～23 月龄，围产期进入产房饲养。泌乳牛料脚最好饲喂较大月龄的后备牛。牧场可以根据各月龄牛实际只数确定采食量，分配至各牛舍。较大月龄的后备牛可以与干奶牛配方一致，只需控制干物质总量即可。

（二）饲喂全混合日粮技巧

干物质采食量预测：根据有关公式计算出理论值，结合实际，根据奶牛不同胎次、泌乳阶段、体况、乳脂和乳蛋白以及气候等推算出奶牛的实际采食量。开始实施 TMR 饲喂时，不要过高估计奶牛的干物质采食量（否则将导致日粮中养分浓度不足）。刚配制 TMR 日粮时比预期干物质采食量低 5％，然后慢慢提高到有 5％剩余料为止。

每周检验一次 TMR 的干物质含量，保证在 50％～60％之间，最好在 55％左右。如果大量饲喂青贮料，要检查青贮料中的水分。保证每天至少有 20 h 让奶牛接触饲料。每日至少提供长度超过 4 cm 的纤维（干草）2.5 kg。经常检查奶牛粪便 pH，粪便 pH 不应低于 6.0，pH 偏低意味着有过量的淀粉通过瘤胃，并在小肠内发酵。

为了防止消化不适，各 TMR 组间的营养素密度变化不应超过 15％。与泌乳中后期奶牛相比，泌乳早期奶牛更容易恢复食欲，产奶量恢复也更快。

TMR 供应量控制在残料低于 5%。若采食行为正常，残料看上去与原来的全混合日粮混合料相似的话，允许存在少量残料。应对饲槽扫出物进行分析，然后重新混合，作为其他产奶组或新产组的基础混合料。在重新混合时应注意混合时间，因为混合过度会缩小颗粒饲料粒度。

（三）料槽管理

TMR 沿着料槽均匀发放。保持日常记录，采食情况，奶牛食欲，剩料量等，以便及时发现问题，防患于未然。饲料尤其粗料和颗粒料应不分层，料脚外观及组成应与 TMR 接近。

每次饲喂前应保证有 3%～5% 的剩料量，还要注意 TMR 在料槽的一致性（采食前/采食后）。饲料每天要保持新鲜，及时推料（每天 2～3 次）。要及时注意因饲料质量的改变（霉变、青贮品质）引起的剩料量的变化。料脚要冰凉新鲜，发现热的发霉料脚应该补饲。

注意要保证每头奶牛有足够的采食空间，保证足够的水供应和清洁。空槽时间不超过 2～3 h。

（四）TMR 混合机使用过程中的注意事项

混合程序、混合时间和饲料装填次序是控制同一批次内饲料质量变化的关键因素。不同型号和大小的 TMR 混合机具有不同的混合程序要求。对混合程序的具体要求，应参考操作规程。加料顺序是：先粗后精，按照干草—青贮—精料—糟渣类原则加入。边加料边混合，物料全部填充后再混合 3～6 min。随着混合时间的延长，TMR 混合料的均匀性（一致性）提高，但却有缩小饲料颗粒的潜在可能性，最好使饲料既混合均匀又无过度混合。

物料含水率：为保证物料含水率为 40%～50%，可以加水或将精料泡水后加入。牧场可以很方便的用微波炉和天平检测饲料的水分。

混合机加料不要太满，否则效果不好，一般来说，装到容量的 70%~80%即可。TMR 质量控制的第一步工作是决定合理的混合料以确保混合质量。

定期保养喂料机并检测其运行精度。可用已知物体重量（如饲料袋）对 TMR 计量称进行校正。如果计量称不准确，则参考操作手册或请专业人员进行修理。校正工作应覆盖整个 TMR 混合机的容积范围。计量器的准确性将决定某些饲料的量及加料方式。

任何小于 5 kg 的原料成分应用其他量具进行称重，然后倒入混合机。

在转弯时，不要进行混合操作。

(五) TMR 监测数据的记录

为了充分了解试验的效果和更好地使用 TMR，需要监测以下数据：

(1) 每周化验一次青贮玉米和各种 TMR 的水分，如果为麦糟、啤酒糟等高水分的饲料也要化验。

水分的测定可通过在牧场内饲料准备室放置一台微波炉和计量称来完成。至少每周测试一次粗料的水分，测定的数据可用于日粮中潮湿饲料的配制参考。

(2) 每两周进行一次 TMR 均匀度的测试。每两周化验一次青贮玉米的质量，指标包括：干物质、蛋白、NDF 和 ADF 等。如果已经感觉到青贮玉米质量的变化，及时送检（研究院化验室测定）。

应定期对 TMR 饲料样品进行完整测试。理想的话，TMR 样品测试数据应接近理论配方。

(3) 按照表格进行日常记录，以确切了解奶牛的采食量的变化。

表 2 - 16　　TMR 饲喂信息表

日期：　　　年　　月　　日　　　　　记录人：

编号	牛舍号	产量 (kg)	牛头数 (只)	TMR 发料量 [kg(a)]	饲喂 (次数/天)	剩料量		采食量	
						总数 [kg(b)]	评分	总数 [kg(a—b)]	头/天
1									
2									
3									
...									

评分：1 分，5％或更少的剩料量；2 分，5％～10％的剩料量；3 分，超过 10％的剩料量

（4）每天观察 TMR 混合粒度，不可混合过度，并做记录。

有条件的话，采集几个样品并对颗粒大小分布进行分析。如果 5％～10％的 TMR 料由 2 cm 以上的颗粒组成，则这样的颗粒分布最有利于刺激奶牛的咀嚼。没有必要把饲料颗粒打得更小，否则不利于奶牛瘤胃的健康。如果饲料颗粒比建议的要小，则应对装料程序和混合时间重新加以评估。

（5）每天观察牛只食欲，牛粪的颜色、形状、气味，反刍情况，体况，经常用 pH 试纸检测奶牛粪便的酸度，如果小于 6，应注意饲料配方中的各营养素是否平衡。

第三章 奶牛饲养管理

一、犊牛的培育技术

犊牛是后备牛的第一阶段,后备牛分为犊牛、育成牛和初孕牛。还有人把后备牛划分为犊牛期、育成期和青年期。犊牛是指出生至 6 月龄的牛。

(一) 犊牛培育的目的

1. 提高牛群质量与生产水平 牛质量的高低取决于其遗传基础及在生长发育过程中的环境条件。要不断提高牛群质量,其第一步,应具有优良的遗传基础,这就要靠选种选配。科学的选种选配能为后代个体组合兼具双亲优良特性并优于群体的遗传基础。第二步,即优良遗传基础的充分显现,则需在其后备阶段的生长发育过程中及成年以后有良好的环境条件,其中最主要的是人们的饲养管理活动,这是使遗传基础充分显现出来的关键。这就是培育,所以培育的实质就是在一定的遗传基础上,利用条件作用于个体的生长发育过程,从而能动地塑出理想的个体类型。在牛的生命周期中,后备阶段尤其是犊牛期是生长发育强烈的阶段,其生理机能正处在急剧变化中,易于受条件作用而产生反应,因而可塑性大,此阶段生长发育情况直接影响成年时体型结构和终生的生产性能。因此,加强后备牛培育,就可以在成年时将其优良的遗传基础充分显现出来,从而使个体不仅在遗传上而且表型上也优于先代群体。同时，加强后备牛培育，也可使某些缺陷得到不同程度的改善与消除。可见，加强后备牛培育是除选种选配和加强成年牛饲养管理以外，提高牛群质量和生产水平的一项重要技术措施，并且这三个措施是相互联系的，而后备牛培育在其中起着承上启下的作用。犊牛培育尤为重要。

2. 获得健康牛群　牛的布鲁氏菌病、结核病等传染病对牛群的危害很大，对于乳牛来说，不仅对牛群有危害，而且还关系到广大人民群众的身体健康，因而就必须消灭这些疾病。办法有二，其一就是要对现有牛群采取措施，即对现有牛群进行预防、检疫、隔离及封锁疫区；其二就是对未来牛群采取措施，即将病牛群中的初生犊牛尽快地转移到无病区，并对其加强培育，从而获得新一代的健康牛群，杜绝了疫病逐代蔓延。

3. 使牛群不断扩大　犊牛阶段，机能不全，对环境的适应能力较差，容易遭受环境影响而死亡，特别在初生期，这个特点更突出。据统计，犊牛生后 7 天内的死亡数占犊牛总死亡数的 $60\% \sim 70\%$。但是，如果能充分发挥人的主观能动性，采取各种有效措施，如早喂初乳，加强护理，搞好防疫卫生工作等，就可以大大地降低犊牛死亡率，扩大牛群。

（二）犊牛培育的一般原则

1. 加强妊娠母牛的饲养管理，促进胚胎的生长发育，以获得健壮的初生犊牛　生命周期开始于受精卵，受精卵一旦形成，便开始了它的生长发育，环境条件也就开始对个体的生长发育发生作用，因而培育工作从胚胎期就要着手进行。牛胚胎生长发育的规律大致上是这样的：在胚胎前期，发育快，细胞分化强烈，但绝对增重不大，但是 3 月龄后生长速度就逐渐加快，同时，细胞的强烈分化转入相似细胞的迅速增多——即生长。牛在胚胎发育期不同时期生长强度的差异，见表 3-1。

表 3-1 牛胚胎在不同时期的生长强度

整个胚胎发育期的			整个胚胎
第一个 1/3	第二个 1/3	第三个 1/3	发育时期
0.50	23.70	75.80	100

　　牛胚胎生长发育规律启示我们：由于前期绝对增重不大，但分化很强烈，对营养的质量要求高，这就要求我们在日粮上特别注意其质量（全价性），妊娠后期，绝对增重很快，对营养的数量要求大，因此，应数质并重，供给大量的全价日粮，但要注意日粮体积不能太大，以免影响胎儿。最后 2 个月，增重占 60%，需要量更大，因而必须干奶并进行较丰富的饲养，以保证本身维持和胎儿生长发育之需。胚胎期还要加强母牛运动，以增强体质，利于胎儿生长发育，并利于分娩。在实际生产中，纯粹因胎儿过大而引起的难产为数不多，胎儿大小（主要）取决于母体的影响——母体效应，而难产最主要的原因除胎位不正外，就是运动不足。放牧的牛和舍饲运动的牛很少发生难产，而且产程缩短，长久拴着不运动的牛难产率就高。为此，加强妊娠母牛运动是防止难产的有效措施，尤其是产前 1 个月的运动可有效地防止难产。前苏联学者亦试验证明：饲草丰盛、空气新鲜、经常运动的妊娠牛所生的犊牛比饲养管理差的妊娠母牛在生理、生化及免疫生物学等指标上均较好，犊牛的患病率、死亡率均低。

　　2. 加强消化器官的锻炼　牛必须具有发达的消化系统，即应该具有容积大、强而有力的消化器官。对于乳牛来讲更应该如此，只有这样，乳牛才能采食大量的粗饲料和适量的精料，充分发挥出产奶潜力，而且还有利于保持消化系统机能正常和身体健康。处于泌乳盛期的乳牛，尤其是高产乳牛往往因不能采食到足够的营养物质而出现营养赤字，造成产乳潜力得不到充分发挥或者被挤垮的后果。如果消化器官容积足够大的话，就可以减轻甚至避免这种不良后果。为此，早期补饲草料，锻炼消化器官，提高对植物性饲料的适应性，减少哺乳量并实行早期断奶，用适量的精料、大量优质青粗饲料进行培育，以促其形成容积大、强而有力的消化器官，养成巨大的采食量，才有可能培育成高产乳牛。犊牛生后 2～3 周就能采食草料，出现反刍，腮腺开始活动，如果早期喂给草料，可促进瘤胃加速发育，刺激瘤胃微生物的生长繁殖，而瘤胃微生物的代谢尾产物，尤其是挥发性脂肪酸对瘤胃黏膜乳头的发育具有强烈的刺激作用。不同的饲料对犊牛胃发育的影响是大不一样的，固体性饲料对犊牛胃发育的影响比液体饲料（即奶）大，而在固体性饲料中，优质的青粗料比精料的影响要大。因此，为了使牛具有强大的消化器官，进而培育成高产乳牛，以少量的牛乳、适量的精料、大量的优质青粗饲料进行培育是很有必要的，并且也是完全可能的。

实际生产中，牛场的技术人员非常重视犊牛腹部的发育，而生长速度并不要求太快，一般要求 3 月龄时体重达到 90 kg 以上，6 月龄时 160 kg 以上，12 月龄时，体重为初生重的 7～8 倍，16 月龄时体重达到 350 kg。切莫用过多的奶和精料进行过度饲养。

（三）犊牛的饲养管理

犊牛的生长发育直接影响整个育成阶段的培育及成年后的生产性能。我们通常用以下标准来考核犊牛的发育情况。

牛场犊牛初生重控制在 40 kg 是比较理想的状况。在此基础上，0～3 月龄日增重控制在 630 g/d，满 3 月龄时，体重达到 97 kg。3～6 月龄日增重控制在 900 g/d，满 6 月龄时体重达到 178 kg，十字部高 106 cm，斜长 110 cm，胸围 128 cm。

因为犊牛的个体初生重存在差异，犊牛阶段的体重受先天影响很大。所以，犊牛阶段的达标体重应因牛而异，着重控制犊牛日增重。

1. 生后护理

(1) 确保小牛呼吸　犊牛出生后应立即清除口鼻黏液,尽快使小牛呼吸。如果发现小牛在出生后不呼吸,可将小牛的后肢提起,使小牛的头部低于身体其他部位,或者倒提小牛控出黏液。倒提的时间不宜过长,以免内脏压迫隔肌阻碍呼吸。如果呼吸道畅通,可进行人工呼吸(即有交替的挤压和放松胸部)。也可用稻草搔挠小牛鼻孔或用冷水洒在小牛的头部以刺激呼吸。

(2) 脐带消毒　一旦小牛呼吸正常,应立即将注意力集中在肚脐部位。犊牛的脐带有时自然扯断,残留在小牛腹部的脐带有几厘米长。若没有扯断,应在距腹部 15cm 左右的地方剪断脐带。挤出脐带内的黏液,用高浓度碘酒(7%)或其他消毒剂对脐带及其周围消毒。

出生两天后应检查小牛是否有肚脐感染。这时脐带周围应当很柔软,肚脐感染的小牛会表现出沉郁,脐带区红肿并有触痛感。脐带感染可能很快发展为败血症(即血液受细菌感染),引起死亡。正常情况下,经过 15 天左右的时间,残留的脐带干缩脱落。

(3) 清除身体黏液　多数奶牛场采取尽量减少母牛接触犊牛机会的做法。用干毛巾擦干犊牛身上的黏液,尽快将犊牛与母牛分开。也有人认为犊牛第一天吃初乳最好直接从母牛乳房吸取,产后第二天才将犊牛与母牛分开,此时可采取让母牛舔干犊牛身体黏液的办法。

(4) 饲喂初乳　初乳是指产犊后从母牛乳房采集的浓稠的,奶油状的黄色分泌物。有时将产后 1~7 天的奶称为初乳,但这几天所产奶的成分变化很大,因此将产犊后第一次挤出的奶称为初乳,而将 7 天内其他时间挤出的奶称为过渡期奶更确切。

初乳中含有大量的免疫球蛋白。如果犊牛吃不到初乳,出生后几天(或几周)内极易死亡。此外初乳中的营养物质丰富,是犊牛全价营养的来源。

若没能使犊牛在出生后 12 h 内吃到初乳，就很难使犊牛获得足够的抗体以提供足够的免疫力。生产中一般要求第一次初乳在犊牛出生并开始正常呼吸后立即喂给，最迟不应超过出生后 1 h。第二次饲喂应在出生后 6～9 h。如果第一次饲喂延迟，应在出生后 24 h 内增加饲喂次数以使犊牛获得足够的抗体。饲喂初乳前不应饲喂其他任何食物。

刚出生和出生后 12 h 各饲喂 4 kg 初乳，以后几天的初乳喂量可按体重的 1/5～1/4 的量喂给，每日喂 2～3 次，每次饲喂量 1.25～2.5 kg，不超过体重的 5%。初乳的饲喂温度在 35 ℃ 左右。放置变凉的初乳可用水浴加热，明火加热易造成初乳的凝固。过剩的初乳可冷冻保存或制成酸初乳，日后添加到常乳中饲喂。

初乳的质量可以通过肉眼观察鉴定。浓稠并呈奶油状的初乳富含抗体。相反稀薄并呈水样的初乳其抗体的浓度可能较低。也可使用折光仪进行检测。

2. 犊牛的哺育　出生后 4 周内的犊牛主要依靠哺乳获得生长所需的营养。犊牛前胃的发育需要固体饲料的刺激，因此在保证犊牛能够摄取足够营养物质，健康生长的同时应及时训练犊牛采食固体饲料。

哺乳量　初乳期后到30～40日龄以哺喂全乳为主，喂量约占体重的 8%～10%，之后随着采食量的增加逐渐减少全乳的喂量。在 60～90 日龄时断奶。早期断奶在 5 周龄左右，哺乳量控制在 100 kg 左右。早期断奶需要有代乳料和开食料。

每天最好饲喂两次相等量的牛奶，每次饲喂量占体重的 4%～5%。出生后头几周控制牛奶的温度十分重要。冷牛奶比热牛奶更易引起消化紊乱。出生后的第一周，所喂牛奶的温度必须与体温相近（39 ℃），但是对稍大些的小牛所喂牛奶的温度可低于体温（25～30 ℃）。

代乳料　出生后4～6天即可用代乳料哺乳犊牛。通常代乳料的含脂量低于全奶（以干物质衡量），因而其所含能量较低（75%～80%）。饲喂代乳料的小牛通常比饲喂全奶的小牛日增重稍低。

代乳料的营养成分应与全奶相近。乳清蛋白、浓缩的鱼蛋白或大豆蛋白可作为代乳料中的蛋白成分。但某些产品如鱼粉、大豆粉、单细胞蛋白质以及可溶性蒸馏物（淀粉发酵蒸馏过程的副产品）不适宜作为代乳料的蛋白质成分，因为它们不易被小牛吸收。当使用代乳料时，应严格按照产品的使用说明正确稀释。大多数干粉状代乳料可按1∶7稀释以达到与全奶相似的固体浓度。

3. 断奶　断奶应在犊牛生长良好并至少摄入相当于其体重1%的犊牛料时进行，较小或体弱的犊牛应继续饲喂牛奶。在断奶前一周每天仅喂一次牛奶。大多数犊牛可在5～8周龄断奶。仅喂液体饲料会限制犊牛的生长。犊牛断奶后如能较好地过渡到吃固体饲料（犊牛料和粗饲料）体重会明显增加。

在生产实践中，犊牛喂乳期间，早期断奶法是尽量减少全乳或人工乳的喂量，在某种程度上阻止犊牛早期的发育，使其瘤胃较快成熟。而断奶后改用全植物性日粮，其关键是在犊牛断奶前日进食量必须达到500 g，从出生到断奶总计进食料6 kg，然后逐步过渡到每日进食犊牛料2 kg。这个期间一开始便有5～10天过渡期，叫营养不良间歇期，表现为犊牛日增重仅为0～250 g。以后的生长发育则逐步正常。研究和生产实践都表明营养不良间歇期的发生对其泌乳性能没有影响。

断奶后犊牛　断奶期由于犊牛在生理上和饲养环境上发生很大变化，必须精心管理，以使其尽快适应以精料为主的饲养管理方式，断奶后的犊牛采食量逐渐增加，应特别注意控制精料饲喂量，每头每日1.9 kg；同时多喂优质青粗饲料，以更好的促使其向乳用形体型发展。

76～120日龄时，饲喂犊牛料1.5 kg，干草＋青贮1.8 kg，其中含精蛋白180 g，粗纤维136 g，钙8.3 g，磷6.6 g。

121～150 日龄时，饲喂犊牛料 1.7 kg，干草＋青贮 2.3 kg，其中含精蛋白 168 g，粗纤维 195 g，钙 8.1 g，磷 6.5 g。

151～180 日龄时，饲喂犊牛料 1.9 kg，干草＋青贮 2.7 kg，其中含精蛋白 159 g，粗纤维 210 g，钙 7.5 g，磷 6.7 g。

表 3－2　参考培育方案

日龄或月龄	初乳或全乳 (kg)	脱脂乳或代乳料 (kg)	混和精料 (kg)	粗饲料 (kg)
0～4 日	初乳 4～5	—	—	—
5～15 日	混合全乳 5	—	—	训练
15～21 日	5	1	训练	0.2
22～28 日	5	1	0.2	0.4
29～35 日	4	2	0.4	0.8
36～42 日	4	2	0.6	1.0
43～60 日	3	4	0.8	1.4
2～3 月	2	5	1.0	1.8
3～4 月			1.5	2.0
4～5 月			1.7	2.6
5～6 月			1.9	2.7
合计	181	105	197	300

注：粗饲料均以干草为主

4. 犊牛的采食训练和饮水

（1）精饲料（犊牛料）　出生后 4 天即可喂给犊牛混合精饲料。开始试吃时，可以少量湿料摸入其嘴，或置少量于乳后桶底。新鲜干犊牛料可置于饲料盒内，只给每天能吃完的份量。犊牛料必须纯洁、味好、营养丰富。犊牛料中不能加入尿素。当犊牛每天能吃完 0.45 kg 以上犊牛料后即可断奶。

训练犊牛尽早开食饲料并尽快提高采食量对于犊牛的生长发育是有利的。促进犊牛采食犊牛料的方法有：在犊牛料中掺入糖浆或其他适口性成分，少量多次喂给并保持饲料新鲜，限制哺乳量，保证饮水清洁和新鲜，犊牛喝完奶后立即将一小把的犊牛料放在犊牛的嘴边或奶桶的底部，用带奶嘴的奶瓶饲喂以促进摄取等。

(2) 饮水　10 天以内给以 36～37 ℃温开水，10 天后给以常温水，但要注意清洁，水温一般不低于 15 ℃。

5. 犊牛的管理

(1) 犊牛登记　每个牛场都有自己登记小牛的方法。新生的小牛应打上永久的标记，其出生资料必须永久存档。标记小牛时，在耳朵上打上塑料的耳标，并编好牛号，写上日期，同时在牛只育种记录表上绘出牛体右侧的图像、记载性别、称重。

(2) 去除副乳头　副乳头可引发感染并且影响将来的挤奶。一般在 2～6 周龄时去除已被确诊的副乳头。可使用锋利的弯剪或刀片从乳头和乳房接触的部位切下乳头。虽然很少出血，但必须严格消毒手术部位。

(3) 去角　带角的奶牛可对其他奶牛或工作人员造成伤害。当牛角刚刚长出并被确定时（10 天至 6 周龄）即可做去角手术。小牛长大后去角就比较困难。去角应在断奶前施行以避免断奶期间的额外应激。可采用电动去角刀或氢氧化钾（强碱）去角。第一次施行去角手术的奶牛饲养员或技术员应寻求适当的程序指导。技术不熟练可引起应激并增加伤害小牛以及技术人员的危险性。

(4) 免疫　犊牛出生后必须注射多种疫苗以预防不同疾病。例如，注射疫苗可减少由冠状病毒、旋转病毒和大肠杆菌引起的腹泻。通常注射抵抗流行于某一地区病源体的疫苗也可显著降低犊牛对其他疾病的感染。犊牛的免疫程序应根据牛场的具体情况制定。

(5) 转群　在护子栏经饲喂人员饲喂和观察，出生一周后的健康犊牛可转入犊牛岛，由专人负责专栏饲喂。6 月龄后转入青年牛群。

（6）达标测量　犊牛、育成牛每月的达标测量对后备牛的培育有很强的指导意义，达标测量应有专人进行，培训后上岗。测量时间应选在每月中旬，并要根据产犊日期对牛只体重进行校正。

二、育成牛的饲养管理技术

育成牛是指生后半年到配种前的犊牛，犊牛满6月龄从犊牛舍转入育成牛舍，进入育成牛培育阶段，育成母牛不产乳，无直接经济效益，也不像犊牛期那样脆弱、易病甚至死亡。因此，往往得不到应有的重视。所以，实际生产中有的牛场将质量最差的草喂给育成牛，以至达不到培育的预期要求，育成牛的培育是犊牛培育的继续，虽然育成牛阶段的饲养管理相对犊牛阶段来说是粗放些，但决不意味着这一阶段可以马马虎虎，这一阶段在体型、体重、产奶性能及适应性的培育上比犊牛期更为重要，尤其是在实行早期断奶的情况下，犊牛阶段因减少奶量对体重造成的影响，需要在这个时期加以补偿。如果此期培育措施不得力，那么到达配种体重的年龄就会推迟，进而推迟了初次产犊的年龄；如果按预定年龄配种，那么将可能导致终生体重不足；同样，若此期培育措施不得力，对体型结构、终生产奶性能的影响也是很大的。因此，对育成牛的培育也应给予高度重视。

（一）育成牛的饲养

育成牛在不同的年龄阶段，其生长发育特点及消化能力有所不同，因而不同阶段的饲养措施也就不同。

1. 半岁至1岁　此期是生长最快的时期，性器官和第二性征的发育很快，体躯向高度和长度方面急剧生长。前胃虽然经过了犊牛期植物性饲料的锻炼，已具有了相当的容积和相当的消化青粗饲料的能力，但还保证不了采食足够的青粗饲料来满足此期强烈生长发育的营养需要，同时，消化器官本身也处于强烈的生长发育阶段，需要继续锻炼。因此，为了兼顾育成牛生长发育的营养需要并进一步促进消化器官的生长发育，此期所喂给的饲料，除了优良的青粗料外，还必须适当补充一些精饲料。一般来说，日粮中干物质的 75% 应来源于青粗饲料，25% 来源于精饲料。

2. 12 月龄至初次妊娠　此阶段育成母牛消化器官容积更大，消化能力更强，生长渐渐进入递减阶段，无妊娠负担，更无产奶负担，若能吃到优质青粗饲料基本上就能满足营养的需要。因此，此期日粮应以青粗料为主，如此安排，不仅能满足营养需要，而且能促进消化器官的进一步生长发育。

（二）育成牛的管理

犊牛转入育成牛舍时，要实行公母分群，通槽系留饲养。育成牛的管理项目除了运动和刷拭以外，还有一项非常重要的管理项目就是要坚持乳房按摩。乳腺的发育受神经和内分泌系统活动的调节，对乳房外感受器施行按摩刺激，通过神经-体液途径或单纯的神经途径（前者通过下丘脑-垂体系统，后者通过直接支配乳腺的传出神经）能显著地促进乳腺发育，提高产奶量。乳腺对按摩刺激产生反应的程度，依年龄有所差异。性成熟后，特别到了妊娠期是乳腺组织发育最旺盛的时期，此期加强按摩效果最显著。如据上海牛乳公司第六牧场的试验，对 6～18 月龄的育成母牛每天按摩一次乳房，18 月龄以上者按摩 2 次，每次都配合使用热毛巾擦洗乳房，结果试验组比对照组产奶量提高了13.3%。育成母牛按摩乳房还可使其提前适应挤奶操作，以免产犊后出现抗拒挤奶现象。每次按摩时间以 5～10 min 为宜。

三、初孕牛的饲养管理技术

初孕牛指怀孕后到产犊前的头胎母牛。

母牛怀孕初期，其营养需要与配种前差异不大。怀孕的最后

4个月，营养需要则较前有较大差异，应按奶牛饲养标准进行饲养。

这个阶段的母牛，饲料喂量一般不可过量，否则将会使母牛过分肥胖，从而导致以后的难产或其他病症。因此，初孕牛应保持中等体况。

初孕牛必须加强护理，最好根据配种受孕情况，将怀孕天数相近的母牛编入一群。

初孕牛与育成牛一样，更应注意运动，每日运动1～2 h，有放牧条件的也可进行放牧，但要比育成牛的放牧时间短。

初孕牛牛舍及运动场，必须保持卫生，供给充足的饮水，最好设置自动饮水装置。

分娩前两个月的初孕牛，应转入成年牛舍进行饲养。这时饲养人员要加强对它的护理与调教，如定时梳刷，定时按摩乳房等，以使其能适应分娩投产后的管理。但这个时期，切忌擦拭乳头，以免擦去乳头周围的蜡状保护物，引起乳头龟裂；或因擦掉"乳头塞"而使病原菌从乳头孔侵入，导致乳房炎和产后乳头坏死。

在分娩前30天，初孕牛可以在饲养标准的基础上适当增加饲料喂量，但谷物的喂量不得超过初孕母牛体重的1%；与此同时，日粮中还应增加维生素、钙、磷等矿物质含量。初孕牛在临产前两周，应转入产房饲养，其饲养管理与成年牛围产期相同。

四、成乳牛的一般饲养管理技术

（一）分群

据实验，按产奶量高低进行分群并实行阶段饲养，不论是对提高产奶量或增加经济效益效果都很显著。反之，则浪费饲料，增大成本，降低经济效益。

（二）日粮组成力求多样化和适口性强

乳牛是一种高产动物，对饲料要求比较严格，在泌乳期间，其日粮组成必须是多样化和适口性强。多样化可使日粮具有完善的营养价值，以保证乳牛能积极地进行生命活动和泌乳活动。日粮组成单一或饲料种类少，往往不能满足其需要，而且多样化与适口性有着密切的联系，一般来讲，日粮组成多样化了，其适口性就较好。乳牛的日粮一般要由 3～4 种以上的青粗饲料（干草、青草、青贮饲料等）及 3～4 种以上的精料组成。

近年国外在泌乳牛的饲养上采用全价混合饲料自由采食的饲养法，即根据母牛不同泌乳阶段的营养需要，将精、粗饲料经过加工调制，配合成全价的混合饲料，供牛自由采食。采用这种饲养方法可简化饲养程序，节约劳力，减少牛舍投资，并可使每头牛得到廉价的平衡饲料。此外，可多喂粗料，少用精料，从而可降低饲养成本，并避免以往乳牛由于分别自由采食精、粗饲料而使精料吃得过多，粗料采食不足，以至造成瘤胃机能出现障碍，导致产奶量、乳脂率下降和发生消化疾病等缺点。

（三）精、粗饲料的合理搭配

饲喂草食动物应遵循的一个原则是以青粗饲料为基础，营养物质不足部分用精料和其他饲料添加剂进行补充。这一原则的实质乃精粗饲料的合理搭配。良好的干草和青绿多汁饲料及青贮料，易消化、适口性好，能刺激消化液的分泌，增进食欲，保持消化器官的正常活动，促进健康，获得大量高质量的牛乳。相反，如果长期饲喂过多的精料，就可使乳牛的健康状况恶化，并降低产奶量和乳的品质。这并不是说精料就是不能多喂，而是要按上述原则饲喂精料，即精料只能作为补充部分，不能作为基础。高产乳牛的日粮中，精料虽作补充部分，但往往大于基础部分，这是产奶的需要，为此，要控制瘤胃发酵，如添加缓冲化合物等。即使按照这个原则并控制瘤胃发酵，高产乳牛也难免患营养代谢疾病，而低产牛则不然，故人们常说越是高产乳牛越难养。

根据以上原则，可确定不同体重的乳牛，每天应喂中等品质以上的粗饲料，数量如表3-3。

表3-3　不同体重母牛的粗料日喂量（风干物质计）

单位：kg

体重	中等给量	最大给量
300	10	14
400	11	16
500	12	18
600	13	20

每3～4kg青贮料可代替1kg粗料；块根类饲料，约8kg可代替1kg精料。由于块根多汁饲料有刺激食欲的作用，但含能量低，所以，增喂多汁饲料时，粗料喂量并不按比例减少。

精料的喂量，根据乳牛的营养需要而定。一般是每产3～5kg乳给1kg精料。如果青粗饲料品质优良时，可按表3-4的精料量进行补喂。

表3-4　乳牛的精饲料给量

每天产乳量（kg）	10以上	10～15	15～20	20～25	25～30	30以上
每产1kg乳的精料量（g）	100以内	150	200	250	300	350
每头牛每天的精料量（kg）	1以下	1～2	3～4	5～7	6～7	10以上

为了充分满足乳牛的营养需要，应根据饲养标准，精确计算不同体重、年龄和生产水平的母牛对各种营养物质的需要量，正确地配合日粮，促使乳牛将吃进去的饲料，除维持其体重外，全部用于产奶。

（四）饲喂

合理的饲喂技术有助于提高采食量。各种饲料的饲喂次序是先粗后精、先干后湿。即先喂粗饲料后喂精饲料，先喂干料后喂湿料。更换饲料要逐渐进行，一般需要 2 周左右的过渡期，在过渡期间逐渐增加所要更换饲料的喂量。

1. TMR 饲喂　目前建议采用 TMR 饲喂方法，奶牛全混合日粮（Total Mixed Rations）是指根据不同奶牛生长发育及各泌乳阶段奶牛的营养需求和饲养目的，按照营养调控技术和多饲料搭配原则设计出奶牛全价营养日粮配方。按此配方把每天饲喂奶牛的各种饲料（粗饲料、青贮饲料、精饲料和各类特殊饲料及饲料添加剂）通过特定的设备和饲料加工工艺均匀地混合在一起，供奶牛采食的饲料加工技术。TMR 饲喂技术适用于具有现代化牛舍、饲养管理规范、机械化挤奶厅和 TMR 混料车等仪器设备的大型养殖场。

全混合日粮（TMR）是结合奶牛散方式（自由采食）而配制的日粮。其便于控制奶牛日粮的营养水平，保证各种营养物质相对平衡和精、粗饲料比例适宜，增加干物质的采食量，维持瘤胃正常发酵、消化、吸收及代谢。对提高饲料利用率，发挥奶牛泌乳潜力，维护健康，延长利用年限，获得最佳经济效益均具有重要意义。TMR 技术保证了奶牛所采食的每一口饲料都是营养均衡的。TMR 技术能够保证精、粗饲料混合均匀，改善饲料适口性，避免奶牛挑食与营养失衡，并能提高饲料的转化率。特别是粗饲料。将干草、秸秆、青贮玉米等粗饲料合理切短、破碎揉搓，利于奶牛的采食、消化，有利于采食量的提高。

TMR 技术将日粮中的碱性、酸性饲料均匀混合，加上奶牛大量的碱性唾液，能有效地使瘤胃 pH 控制在 $6.4 \sim 6.8$，降低瘤胃内酸碱变化，从而提高瘤胃内环境的稳定性，增强瘤胃机能，提高瘤胃内微生物的活性和蛋白质的合成率。TMR 能有效地避免瘤胃酸中毒的发生，进而减少由此产生的前胃弛缓、瘤胃炎、四胃移位、蹄底溃疡、肝脓肿等疾病。国内许多奶牛场生产实践证明，使用数月降低消化道疾病 90% 以上。

传统饲养方式饲料投喂误差可达 20％以上，TMR 工艺减少饲养的随意性，使得饲养管理更精确。饲料投喂精确度可提高 5％～10％。

2. 人工 TMR 借鉴国外 TMR 技术和工艺流程，结合我国大多数牛场的实际生产条件和当地饲草料资源，对奶牛饲料配方进行优化组合，通过人工或简易的搅拌设备，达到 TMR 饲养效果的一种技术。青岛市畜牧研究所对这项技术进行了研究，结果人工 TMR 产奶量比一般饲喂方式提高 4.75％，每头奶牛每天利润增加 1.46 元。

（五）饮水

众所周知，水是动物不可缺少的营养要素。水对于乳牛来说就显得更为重要。牛乳中含水 88％左右。据实验，日产奶 50 kg 的乳牛，每天需饮水 100～150 kg，一般乳牛每天也需水 50～70 kg。如饮水不足，就会直接影响产奶量。试验证明，乳牛饮水充足，可以提高奶量达 10％～19％，因此，必须保证乳牛每天有足够的饮水，最好在牛舍内装置自动饮水器，让乳牛随时都能充分饮水。如无此设备，则每天应给牛饮水 3～4 次，于饲喂结束后进行，夏季天热时应增加饮水次数。此外在运动场内应设置水池，经常贮满清水，让牛自由饮水。冬季饮水时，要注意水不能太凉，且以不放食盐为宜，以免饮水太多，造成体热大量散失。因此，让牛不饮过冷的水是防止冬季体热消耗的有效措施之一，也是一种增奶措施。如有人试验证明，在 11 月份 2～6 ℃的气温环境中，69 头乳牛第一周在冷水池中饮水，第二周在牛舍内饮 10～15 ℃的温水，第一周比第二周产奶量少 9％。也有人试验，冬季饮 8.5 ℃的水比饮 1.5 ℃的水，产奶量提高 8.7％。又有人在冬季长期供 20 ℃的水，结果乳牛体质变弱，容易感冒，胃的消化机能减弱。因而应提出冬季饮水适宜温度：成母牛12～14 ℃，产奶与怀孕牛 15～16 ℃。此外，在冬季拿出部分精料，用开水调制成粥料喂牛，对牛体保温，提高采食量，增加产奶量均有明显效果。而夏天则应让乳牛饮凉水，以减轻热应激造成的危害。有人分别以 10 ℃水和 30 ℃水试验，结果表明饮 10 ℃水的乳牛，其产奶量、采食量均增加，而呼吸次数及体温均降低，故夏季提供清凉的饮水是很有效的措施。夏季饮凉水时，可在其中适量放些食盐，以促使牛多饮凉水，增大体热散失量，进一步减轻热应激造成的危害。

（六）泌乳规律

在泌乳期中，乳牛的泌乳量、体重及干物质采食量均呈现规律性的变化，构成乳牛泌乳规律。

1. 泌乳量的变化　产犊后，产奶量逐渐上升，低产牛在产后 20～30 天，高产牛在产后 40～50 天产乳量到达泌乳曲线最高峰。泌乳高峰期有长有短，高产牛泌乳高峰期持续时间一般较长。高峰期后，产乳量逐渐下降。

2. 干物质采食量的变化　高产乳牛干物质采食量产后逐渐增加，但增加的速度较平缓，其高峰出现在产后 90～100 天，之后再缓慢平稳地下降。

3. 体重的变化　产后体重开始下降，产后 2 个月左右体重降到最低，最低体重出现的时间较高产乳牛泌乳高峰的出现稍迟些或同时发生，以后体重又渐增，至产后 100 天左右，体重可恢复到产后半个月时的水平。一般来讲，乳牛，尤其是高产乳牛在泌乳盛期失重 35～45 kg 是比较普遍的，若超过此限，就会对产奶性能、繁殖性能及母牛健康产生不利的影响。由此可见，高产乳牛由于其干物质采食量高峰的出现比其泌乳高峰的出现迟 6～8 周，因而高产乳牛在泌乳盛期往往会陷入营养不足的困境，乳牛不得不分解体组织来满足产奶所需的营养物质。在这种情况下，既要充分发挥产奶潜力，又要尽量减轻体组织的分解，唯一可行的办法就是要提高日粮营养浓度，即增大精料比例，这也就是美国、日本等国于20世纪70年代后所采用的"引导饲养法"，亦叫做"挑战饲养法"。实际上，高产乳牛即使是采用了"挑战饲养法"，在泌乳盛期内要完全避免体组织的消耗也是不可能的，但可以通过此法，使其减重不超过一定限度，从而保证既能发挥出产奶潜力又不影响母牛健康和繁殖性能。由于干物质采食量达到高峰以后下降的速度较平稳，因而盛期过后要注意调整日粮结构，降低营养浓度，防止过肥。

（七）泌乳初期的饲养管理

这个时期母牛刚刚分娩，机体较弱，消化机能减退，产道尚未复原，乳房水肿尚未完全消失，因此，此期应以恢复母牛健康为主，不得过早催奶，否则大量挤奶极易引起产后疾病。

分娩后要随即驱赶母牛站起，以减少出血和防止子宫外脱，并尽快让其饮喂温热麸皮盐钙汤10～20 kg（麸皮500 g，食盐50 g，碳酸钙50 g），以利恢复体力和胎衣排出（因为增加了腹压），为了排净恶露和产后子宫早日恢复，还应饮热益母草红糖水（益母草粉250 g，加水1 500 g，煎成水剂后，加红糖1 kg、水3 kg，温度以40～50 ℃为宜），每天1次，连服2～3天。在正常情况下，母牛分娩后胎衣8 h左右自行脱落，如超过24 h不脱，不可强行拖拉，对体弱和老年母牛可肌注催产素或与葡萄糖混合作静脉注射，效果较好，但剂量为肌肉注射的1/4，以促使子宫收缩，尽早排出胎衣。产后不能将乳汁全部挤净，否则由于乳房内压显著降低，微血管渗出现象加剧，会引起高产乳牛的产后瘫痪。一般产后第一天每次只挤奶2 kg左右，第二天挤乳量的1/3，第三天挤1/2，第4天后方可挤净。

分娩后乳房水肿严重，要加强乳房的热敷和按摩，并注意运动，促进乳房消肿。

在本期内如食欲良好、消化机能正常、不便稀、乳房水肿消退、恶露排干净，可逐渐增加精料，多喂优质干草，对青绿多汁饲料要控制饲喂,切忌过早催奶,引起体重下降,代谢失调。否则,不宜增加精料,只能增加优质干草。

(八)泌乳盛期(泌乳高峰期)的饲养管理

此期体质已恢复,乳房软化,消化机能正常,乳腺机能日益旺盛,产乳量增加甚快,进入泌乳盛期。我国制定的《高产乳牛饲养管理规范》中规定 16~100 天为泌乳盛期。若头产牛在 15~21 天内不催奶,逐步给予良好的营养水平,可使高峰期延长到 120 天。泌乳盛期是整个泌乳期的黄金阶段,此阶段产奶量约占全泌乳期产奶量的 40% 左右。如何使乳牛在泌乳盛期最大限度地发挥其泌乳性能是夺取高产稳产的关键,此阶段也最能反映出饲养管理的效果。饲养效果的反应与妊娠期有着密切的关系,随着妊娠期的进展,效果反应就逐渐变得不明显了,虽然产后 5~6 个月不配种,其产奶量仍较高(即对饲养效果的反应仍较好),但并不提倡。乳牛泌乳规律告诉我们,高产乳牛采食高峰要比泌乳高峰迟 6~8 周,这不可避免地在泌乳高峰期出现一个"营养空档"。饲养实践表明,通过增加营养浓度也不能完全弥补这"空档"。在这个"空档"内,乳牛不得不动用其体内贮备,即分解体组织来满足产奶所需的营养物质,所以,在泌乳的头 8 周内乳牛体重损失 25 kg 是常常发生的。当母牛靠消耗体内贮存来达到最高产奶量时,蛋白质可能成为第一限制因素。因此,日粮中应该用额外的蛋白质来平衡动用体组织消耗的能量。此期把体重下降控制在合理的范围内是保证高产、正常繁殖及预防代谢疾病的最重要的措施之一,增加营养浓度,减小空档,可使体重的下降程度减轻,从而有可能将失重控制在合理的范围内,现在提倡的"引导"("挑战")饲养法就是在泌乳盛期增加营养浓度。具体做法是:从母牛产前 2 周开始,直到产犊后泌乳达到高峰逐渐增加精料,到临产时其喂量以不得超过体重的 1% 为限。分娩后第 3~4 天起,可逐渐增喂精料,每天按 0.5 kg 左右增加,直至泌乳高峰或精料不超过日粮总干物质的 65％ 为止。注意在整个"引导"饲养期必须保证提供优质干草，日粮中粗纤维含量在15％ 以上，才能保证瘤胃的正常发酵，避免瘤胃酸中毒、消化障碍及乳脂率下降，采用以上做法，可使多数乳牛出现新的产乳高峰，通常将这个新的产乳高峰称为"引导高峰"，其增产的趋势可持续于整个泌乳期，因此，这种饲养法被称为"引导饲养法"。此法的优点在于可使瘤胃微生物区系及早地调整，以适应分娩后高精料日粮；有利于增进分娩后母牛对精料的食欲和适应性，防止酮病发生。

泌乳高峰期日粮应由如下饲料组成：

（1）品质优良的高能粗料，如良好的玉米青贮、优质干草等。

（2）增喂适量脂肪饲料，增加日粮能量浓度，如牛油等；采用能量含量高的谷类饲料，如玉米、大麦、高粱等。

（3）将天然蛋白质置于饲料表面饲喂。

（4）高产乳牛产后对钙、磷需要量很大，但日粮中往往不能满足，所以钙、磷和其他矿物质呈负平衡状态。可补喂贝壳粉、牡蛎粉和石粉，但必须测其利用率，而不要单纯按其含量计算钙和磷。

（九）泌乳中期的饲养管理

我国《高产乳牛饲养管理规范》中规定，产后 101～200 天为泌乳中期。本期内乳牛食欲最好，干物质采食量达到最高峰，高峰之后下降很平稳；产奶量逐月下降；体重和体力也开始逐渐恢复。此期想使产奶量不下降是不可能的，我们只能发挥人的主观能动性，使其下降的速度缓慢、平稳些，这就得继续采取各种有效措施，如多样化、适口性强的全价日粮，注意运动，认真擦洗按摩乳房。由于进入本期时，干物质采食量已达到高峰而下降幅度又大大小于产奶量的下降幅度，因此，要调整日粮结构，减少精料，尽量使乳牛采食较多的粗饲料。

（十）泌乳后期的饲养管理

我国《高产乳牛饲养管理规范》中所讲的泌乳后期，一般指产后第 201 天到干奶前。本期内日粮除饲养标准满足其营养需要外，对于体况消瘦的母牛，还要增加营养，以使母牛尽快恢复已失去的体重，增强体力。使母牛逐渐达到上次产犊时体重和膘情的标准——中上等体况，即比泌乳盛期体重增加 10%～15%。但本期内必须防止体况过肥，以免难产及导致其他一些疾病的发生。

为什么要在泌乳后期恢复体况而不是像过去那样在干乳期恢复呢？这是因为研究表明，从饲料能量的转换效率及饲养的经济效果来看，泌乳牛在此期各器官仍处在较强的活动状态，对饲料代谢能转化成体组织的总效率比干乳期为高，故泌乳后期恢复体况比干乳期要经济、安全。

五、干乳期的饲养管理技术

（一）干乳期的意义

1. 促使胎儿很好地生长发育　妊娠后期，特别是分娩前 2 个月左右是胎儿生长最迅速的阶段，因而也是需要营养最多的阶段，在产前给母牛 2 个月左右的干乳期，并加以合理的饲养管理，可保证胎儿很好地生长发育。

2. 干乳期是母牛的周期性休息时期　母牛在干乳期中乳腺细胞可以得到充分休息和整顿，为下一个泌乳期更好地、积极地进行分泌活动做好准备，因此一旦分娩，进入下次泌乳期时，乳腺细胞更富有活力、大量泌乳。否则，若使分泌上皮细胞持续进行分泌活动，不仅妨碍乳腺细胞的休息、整顿，使下次泌乳期产奶量大大下降，而且对以后几个胎次都会有很不利的影响。例如，据 Swanson(1965) 用一卵双胎的母牛进行试验，与 60 天的干乳期相比，不干奶而持续挤奶的牛，其奶量的减少，在下一个泌乳期为 25％，第三个泌乳期为 40％。

（二）干乳期的长短

由上述可见，没有干乳期是不行的，实际上干乳期太短也是不行的，而干乳期太长也会降低本胎次的产乳量，因而要正确确定干乳期的长短。

干乳期的长短依每头母牛的具体情况而定，一般是 45～75 天，平均为 60 天。凡是初胎母牛及早期配种的母牛、体弱的成年母牛、老年母牛、高产母牛（年产乳 6 000～7 000 kg 以上者）以及牧场饲料条件恶劣的母牛，需要较长的干乳期（60～75 天），一般体质强壮、产乳量较低、营养状况较好的母牛，则干乳期可缩短为 30～45 天。

（三）干乳方法

干乳的方法正确与否关系到母牛的健康和能否造成乳房炎或其他疾患。干乳的方法可分为逐渐干乳法和快速干乳法等两种主要方法。其基本原理是通过改变对泌乳活动有利的环境因素（主要是饲管活动）来抑制其分泌活动。

1. 逐渐干乳法　此法要求在 10～20 天内将奶干完，用于高产乳牛。其方法是：在预定干乳前 10～20 天开始变更饲料，逐渐减少精料、青草青贮料等促进泌乳的饲料，适当限制饮水，加强运动和放牧，停止按摩乳房，减少挤奶次数，改变挤奶时间（由 3 次减为 1 次），第三天，第六天，第十天挤奶一次，产奶下降到 4～5 kg 时，停止挤奶，这样就可使母牛逐渐干乳。

每次挤奶必须挤净。对高产牛则只喂品质差的干草（秸秆），当产乳量降到 4～5 kg 时，即停止挤奶。

2. 快速干乳法　此法要求在 7 天内将乳干完，一般多用于中、低产乳牛。其方法是：从干乳的第一天开始，适当减少精料，停喂青绿、多汁饲料，控制饮水，加强运动，减少挤奶次数和打乱挤奶时间，由 3 次改为 1 次，次日减少 1 次或隔日 1 次，由于母牛在生活规律上突然发生巨大变化，产乳量显著下降，一般经过 5～7 天，日产量下降到 8～10 kg 以下时就停止挤奶。

以上两种方法相比较而言，逐渐干乳法因时间拖得过长，母牛长期处于贫乏的饲养条件下，影响了母牛健康和胎儿生长发育，因此，在实践中以快速干乳法应用较广。

另外，有一些学者提倡采用一次停奶法。即到达停奶之日，认真地擦洗按摩乳房，将奶彻底挤净后就不再挤了。这种方法的原理是：充分利用乳房内高的压力来抑制分泌活动，完成停奶。据称与常规干乳法相比有如下优点：第一，可最大限度地发挥其产奶潜力。因为停奶前一切正常，没有改变对泌乳活动有利的环境因素（饲养管理），一般可多产奶 50 kg 左右。第二，不影响母牛健康和胎儿生长发育，而常规法使母牛在 10 天左右的时间内处于贫乏的饲养条件下，影响了母牛的健康和胎儿生长发育。一次停奶法可使胎儿初生重提高 3 kg 左右。第三，可使乳房炎的发病率约降低 25%。

无论采用哪种干乳方法，在使用干奶措施之前，都要做好隐性乳房炎的检查，以减少疾患。隐性乳房炎的检查，可用专门的检出液，将四乳区的奶分别挤少许于四个盛奶皿中，然后分别滴上两滴检出液，稍加摇动，若出现凝块则为阳性，否则为阴性。另外，据报道，黑龙江省闫家岗农场发明以试纸诊断隐性乳房炎，即用敏锐化学试纸，上有四个圆形黄色环，专供检查乳牛隐性乳房炎之用，检出率高。方法是：先弃掉开始 1～2 把奶之后，将四个乳区挤出的乳汁分别取 1～2 滴于四个黄色环上，立即观察色环变化来进行判定。经临床使用，效果很好。对诊断为阳性者要先治疗，待再检查转为阴性后再行干奶。治疗方法有抗生素法和激光穴位照射法，激光穴位照射治疗，其治愈率比抗生素法要高。对检查为阴性的乳牛，最后一次挤净后，要配合采用乳房炎的预防措施。因为在干乳期中仍然有可能患乳房炎，尤其是第一周，发病率可高达34％，第二周为24％，以后逐渐下降，产前发病率又增加，一般可采用药液灌注后浸泡或封闭乳头孔的做法。经乳头向乳池灌注抗生素油剂，每个乳头10 ml。乳头孔要用抗生素油膏封闭，或用5％碘酒浸泡乳头（每天1～2次，每次0.5～1 min，连续3天）。

在停止挤奶后2周内，要随时注意乳房情况。一般母牛因乳房贮积较多的乳汁而出现肿胀，这是正常现象，不要害怕，也不要抚摸乳房和挤奶，经过几天后就会自行吸收而使乳房萎缩。如果乳房肿胀不消而变硬、乳牛有不安的表现时，可把奶挤出，继续采取干乳措施使之干乳。如果发现乳房有炎症时，可继续挤奶，炎症消失后再行干乳。

（四）干乳期的饲养管理

母牛在干乳后7～10天，乳房内乳汁已被乳房所吸收，乳房已萎缩时，就可逐渐增加精料和多汁饲料，5～7天内达到妊娠干乳牛的饲养标准。

干乳期饲养管理的原则就是：在整个干乳期中，其饲养措施不能使母牛过肥。

对体况仍不良的高产母牛，要进行较丰富的饲养，提高其营养水平，使它在产前具有中上等体况，即体重比泌乳盛期一般要提高10％～15％。母牛具有这样的体况，才能保证正常分娩和在下次泌乳期获得更高的产乳量，对于体况良好的干乳牛，一般只给予优质粗饲料即可。对营养不良的干乳母牛，除给予优质粗料外，还要饲喂几千克精饲料，以提高其营养水平。一般可按每天产10～15 kg乳所需的饲养标准进行饲喂，日给8～10 kg优质干草，15～20 kg多汁饲料（其中品质优良的青贮料约占一半以上）和3～4 kg混合精料。粗饲料及多汁料不宜喂得过多，以免压迫胎儿，引起早产。

对于干乳母牛，不仅应注意饲料的数量，尤其要注意饲料的质量，必须新鲜清洁，质地良好。冬季不可饮过冷的水（水温以15～16 ℃为宜）和饲喂冰冻的块根饲料以及腐败霉烂的饲料或掺有霉菌、毒草的饲料，以免引起流产、难产及胎衣滞留等疾患。

干乳母牛每天要有适当的运动，夏季可在良好的草场放牧，让其自由运动。但要与其他母牛分群放牧，以免相互挤撞，发生流产。冬季可视天气情况，每天赶出运动 2～4 h，产前停止运动。干乳牛如缺少运动，则牛体容易过肥，引起分娩困难、便秘等，以至发生早产和分娩后产乳量的降低。

母牛在妊娠期中，皮肤呼吸旺盛，易生皮垢。因此，每天应加强刷拭，促进代谢。对干乳牛每天要进行乳房按摩，促进乳腺发育，以利分娩后的泌乳。一般可以在干乳后 10 天左右开始按摩．每天 1 次，产前 10 天左右停止按摩。

六、围产期乳牛饲养管理技术

围产期乳牛是指分娩前后各 15 天以内的母牛。

根据乳牛阶段饲养理论和实践划分这一阶段对增进临产前母牛、胎犊、分娩后母牛以及新生犊牛的健康极为重要。实践证明，围产期母牛比泌乳中、后期母牛发病率均高。据统计，成母牛死亡有 70％～80％发生在这一时期。所以，这个阶段的饲养管理应以保健为中心。上海将乳牛产后 2～3 周称为产后康复期。围产期医学已发展成一门新兴学科，乳牛科学应加以借鉴。

（一）临产前母牛的饲养管理

临产前母牛生殖器最易感染病菌。为减少病菌感染，母牛产前 7～14 天应转入产房。产房必须事先用 2％火碱水喷洒消毒，然后铺上清洁干燥的垫草，并建立常规的消毒制度。

临产前母牛进产房前必须填写入产房通知单，并进行卫生处理，母牛后躯和外阴部用 2%～3% 来苏儿溶液洗刷，然后用毛巾擦干。

产房工作人员进出产房要穿清洁的外衣，用消毒液洗手。产房入口处设消毒池，进行鞋底消毒。

产房昼夜应有人值班。发现母牛有临产征状——表现腹痛，不安，频频起卧，即用 0.1% 高锰酸钾液擦洗生殖道外部。

产房要经常备有消毒药品、毛巾和接产用器具等。

临产前母牛饲养应采取以优质干草为主，逐渐增加精料的方法，对体弱临产牛可适当增加喂量，对过肥临产牛可适当减少喂量。临产前 7 天的母牛，可酌情多喂些精料，其喂量也应逐渐增加，最大量不宜超过母牛体重的 1%。这有助于母牛适应产后大量挤乳和采食的变化。但对产前乳房严重水肿的母牛，则不宜多喂精料。

临产前 15 天以内的母牛，除减喂食盐外，还应饲喂低钙日粮，其钙含量减至平时喂量的 1/2～1/3，或钙在日粮干物质中的比例降至 0.2%。

临产前 2～3 天内，精料中可适当增加麸皮含量，以防止母牛发生便秘。

（二）母牛分娩期护理

舒适的分娩环境和正确的接生技术对母牛护理和犊牛健康极为重要。母牛分娩必须保持安静，并尽量使其自然分娩。一般从阵痛开始需 1～4 h，犊牛即可顺利产出。如发现异常，应请兽医助产。

母牛分娩应使其左侧躺卧，以免胎儿受瘤胃压迫产出困难，母牛分娩后应尽早驱使其站起。

母牛分娩后体力消耗很大，应使其安静休息，并饮喂温热麸皮盐钙汤 10～20 kg（麸皮 500 g，食盐 50 g，碳酸钙 50 g），以利母牛恢复体力和胎衣排出。

母牛分娩过程中，卫生状况与产后生殖道感染的发生关系极大。母牛分娩后必须把它的两肋、乳房、腹部、后躯和尾部等污脏部分，用温水洗净，并把沾污垫草和粪便清除出去，地面消毒后铺以厚的干垫草。

母牛产后，一般 1～8 h 内胎衣排出。排出后，要及时消除并用来苏儿清洗外阴部，以防感染。

为了使母牛恶露排净和产后子宫早日恢复，还应喂饮热益母草红糖水（益母草粉 250 g，加水 1 500 g，煎成水剂后，加红糖 1 kg 和水 3 kg，饮时温度 40～50 ℃），每天 1 次，连服 2～3 次。

犊牛产后一般 30～60 min 即可站起，并寻找乳头哺乳，所以这时母牛应开始挤奶。挤奶前挤乳员要用温水和肥皂洗手，另用一桶温水洗净乳房。用新挤出的初乳哺喂犊牛。

母牛产后头几次挤奶，不可挤得过净，一般挤出量为估计量的 1/3。

母牛在分娩过程中是否发生难产、助产的情况，胎衣排出的时间、恶露排出情况以及分娩时母牛的体况等，均应详细进行记录。

（三）母牛产后 15 天内的饲养管理

为减轻产后母牛乳腺机能的活动并照顾母牛产后消化机能较弱的特点，母牛产后 2 天内应以优质干草为主，同时补喂易消化精料，如玉米、麸皮，并适当增加钙在日粮中的水平（由产前占日粮干物质的 0.2% 增加到 0.6%）和食盐的含量。对产后 3～4 天的乳牛，如母牛食欲良好、健康、粪便正常、乳房水肿消失，即可随其产乳量的增加，逐渐增加精料和青贮喂量。实践证明，每天精料增加量以 0.5～1 kg 为宜。

产后 1 周内的乳牛，不宜饮用冷水，以免引起胃肠炎，所以应坚持饮温水，水温 37～38℃，1 周后可降至常温。为了促进食欲，要尽量多饮水，但对乳房水肿严重的乳牛，饮水量应适当减少。

乳牛产后，产乳机能迅速增强，代谢旺盛，因此常发生代谢紊乱而患酮病和其他代谢疾病。这期间要严禁过早催乳，以免引起体况的迅速下降而导致代谢失调。对产后 15 天或更长一些时间内，饲养的重点应当以尽快促使母牛恢复健康为原则。

挤奶过程中，一定要遵守挤乳操作规程，保持乳房卫生，以免诱发细菌感染而患乳房炎。

母牛产后 12～14 天肌注促性腺激素释放激素，可有效预防产后早期卵巢囊肿，并使子宫提早康复。

七、高温季节奶牛的饲养管理要点

乳牛较耐寒不耐热，所以，改善高温季节的饲养管理就成为提高全年产奶量的一条重要途径。

（一）高温给乳牛带来的危害

高温季节，牛体散热困难，当受高温应激时，必将产生一系列的应激反应。如体温升高，呼吸加快，皮肤代谢发生障碍，食欲下降，采食量减少，营养呈负平衡。因此造成的后果便是体重减轻，体况下降，产乳量及乳脂量同时下降，繁殖力下降，发病率增高，甚至死亡。例如，武汉地区 7～9 月份，乳牛由于高温（41.3℃），产奶量下降 58% 以上，有时还会发生热射病死亡；重庆地区第三季度比第四季度产奶量下降 11.3%，母牛繁殖率下降 33.3%，7 月份受胎率仅为 24.7%。

（二）高温季节降温防暑的主要措施

乳牛高温季节饲养管理的原则应以降温防暑为主，把高温的不良影响减少到最小限度。

1. 满足营养需要　据测定，每升高 1 ℃需要消耗 3%的维持能量，即在炎热季节消耗能量比冬季大（冬季每降低 1 ℃需增加 1.2%维持能量），所以高温季节要增加日粮营养浓度。饲料中含能量、粗蛋白质等营养物质要多一些，但也不能过高，还要保证一定的粗纤维含量（15%～17%），以保证正常的消化机能。如果平时喂精料 4 kg，夏季可增加到 4.4 kg；平时喂豆饼占混合料的 20%，夏天可增加到 25%。

2. 选择适口性好，营养价值高的饲料　如胡萝卜、苜蓿、优质干草、冬瓜、南瓜、瓜皮、聚合草等。

3. 延长饲喂时间，增加饲喂次数　高温季节，中午舍内温度比舍外低，如北京舍外凉棚下为 34.4 ℃，舍内 28.5 ℃。为了使牛体免于受到太阳直射，12 点上槽，这既可增加乳牛食欲，又能增加饲喂时间；饲喂次数如果由 3 次改为 4 次，在午夜再补饲一次，则会取得更好的增奶效果。

4. 喂稀料，既增加营养，又补充水分　为此将部分精料改为粥料是有益的。如北京地区所配制的粥料：精料 1.5 kg，胡萝卜、干粕 1.25～2.5 kg，水 58 kg。

5. 减少湿度，增加排热降温措施　牛舍内相对湿度应控制在 80%以下。相对湿度大，牛体散热受阻加大，加重热应激，所以牛舍必须保持干燥，且通风良好，早晚打开门窗。有条件时，可安装吊风扇，以加速水分排除，降低湿度。

6. 保持牛体和牛舍环境卫生　牛舍不干净，最容易污染牛体，这既影响牛体皮肤正常代谢，有碍牛体健康，又严重影响牛乳卫生。夏天经常刷拭牛体，有利于体热散失。夏天蚊蝇多，不仅干扰乳牛休息，还容易传染疾病，为此，可用 1%～1.5%灭害灵药水喷洒牛舍及其环境。为了防止乳房炎、子宫炎、腐蹄病、食物中毒的发生，应采取下列措施：从 5 月开始用 1%～3%的次氯酸钠（NaClO）溶液浸泡乳头；母牛产后 15 天，检查一次生殖器官，发现问题及时治疗；每月用清水洗刷一次牛蹄，并涂以 10%～20%硫酸钠溶液；每天清洗一次饲槽。

八、挤奶厅管理

随着奶牛养殖业的发展，管道化机器挤奶已成为现代化挤奶工艺的标志。特别是挤奶厅的应用，在提高工作效率及鲜奶的卫生、质量方面起到了巨大作用。同时，挤奶是奶牛生产面向市场的最后一道工序。它直接影响到市场的需求与发展，直接影响到奶牛场的经济效益。因此，每一个奶牛场应将挤奶厅管理置于首要位置。

挤奶厅的管理归纳起来主要有以下几项内容。

(一) 挤奶操作

1. 挤奶时间 奶牛在分娩 1 天后即可用机器挤奶。每天的挤奶时间确定后，奶牛就建立了排乳（下奶）的条件反射，因此必须严格遵守，不轻易改变。

2. 挤奶间隔 挤奶间隔均等分配最有利于获得最高奶产量，每天 3 次挤奶，最佳挤奶间隔是 8 小时。一般三次挤奶奶产量可比二次挤奶提高 10%。采用 2 次挤奶或 3 次挤奶还必须同时平衡劳动力费用，饲料费用和管理方法等。

3. 挤奶前的乳房准备

（1）挤奶前观察或触摸乳房外表是否有红、肿、热、痛症状或创伤。

（2）检查第 1 把奶 挤奶前把每个乳区的第 1 把奶挤入带面网的杯子中（挤奶台可直接挤到地面上），检查牛奶中是否有凝块，絮线状或水样奶。及时发现临床乳腺炎，防止乳腺炎奶混入正常乳中。

（3）乳房和乳头的清洁与消毒 应使用清洁未污染的锯末等

保证乳房清洁，清洁的乳房可仅擦清乳头。乳房很脏时，用含有消毒剂的温水清洁乳房，但要注意避免用大量的水来清洗乳房。对环境污染严重或隐性乳腺炎多发的牧场，挤奶前用消毒剂浸（喷）乳头。

（4）擦干乳头　清洁乳头后马上擦干。留在乳头上的脏水不擦干，会流入奶衬或牛奶中。使用干净的一次性毛巾或纸巾是最佳的方法，可防止乳腺炎的交叉感染。如不使用一次性毛巾要注意使用后的清洗、消毒和烘干。

（5）按摩乳头　在擦干乳头的同时，应对乳头作水平方向的按摩，按摩时间为 20 s(4 只乳头×5 s)，以保证挤奶前足够的良性刺激。

4. 挤奶

（1）挤奶准备结束后，在 45 s 内上好奶杯，充分利用奶牛排乳的生理特性。

（2）奶杯妥贴地套在乳头上，防止空气吸入及奶杯上涌。

（3）调准奶杯位置，使奶杯均匀分布在乳房底部，并略微前倾，可用挂钩来校正奶杯位置。

（4）下奶最慢乳区的牛奶挤完后，关闭集乳器，2 s 后移去奶杯。不提倡机器逼奶头。对习惯逼奶头的牛，机器逼奶头一般不超过 20 s，方法是手放在集乳器上稍加压力。

5. 药浴乳头

（1）挤奶结束必须马上用碘附液药浴乳头，因为在挤奶约15 min 后乳头括约肌才能完全闭合，阻止细菌的侵入。药浴乳头是降低乳腺炎发病的关键步骤之一。

（2）药浴液每班次均应调换新鲜液使用。每天应对消毒药液杯进行两次清洗消毒。

6. 机器挤出的初奶和部份梢奶　以及含抗菌素的牛奶，均不得进入管道系统。应将其截流进入预先准备的小桶中另作处理。

（二）挤奶设备的清洗程序

挤奶设备的日常清洗保养，包括预冲洗、碱洗、酸洗、后清洗和挤奶前清洗。

1. 预冲洗

（1）预冲洗不用任何清洗剂，只用清洁（符合饮用水卫生标准）的软性水冲洗。

（2）预冲洗时间　挤完牛奶后，应马上进行冲洗。当室内温度低于牛体温时，管道中的残留物会发生硬化，使冲洗更加困难。

（3）预冲洗用水量　预冲洗水不能循环使用，用水量以冲洗后水变清为止。

（4）预冲洗水温　水温太低会使牛奶中脂肪凝固，太高会使蛋白质变性，因此水温在35～40 ℃之间最佳。

2. 碱洗

（1）碱洗时间　循环清洗10 min。每次挤奶完毕经预冲洗后立即进行碱洗。挤奶台连续挤奶的，每日碱洗3次。

（2）碱洗温度　开始温度74 ℃以上，循环后水温不能低于40 ℃。

（3）碱洗液浓度　pH 11.5。在决定碱洗液浓度时，首先要考虑水的pH和水的硬度，同时碱洗液浓度与碱洗时间、碱洗温度有关。

3. 酸洗　酸洗的主要目的是清洗管道中残留的矿物质，挤奶台每两天1次。

（1）酸洗温度　35～40 ℃。

（2）酸洗时间　循环酸洗10 min。

（3）浓度　pH 6.5，同样与清洗时间等有关。

4. 后清洗　用大量清水进行不循环冲洗约10 min至水清为止。

5. 挤奶前的清洗、消毒　在每次挤奶前用符合饮用标准的清水（或自来水加入食品级消毒剂—氯浓度 200 mL/m³）进行清洗，以清除可能残留的酸、碱液和微生物，清洗循环时间20 min。

（三）乳腺炎的预防

奶牛乳腺炎，通常因细菌的感染引起。乳腺炎可分为临床乳腺炎和隐性乳腺炎，牛群中每例临床乳腺炎意味着更多例隐性乳腺炎的存在，而隐性乳腺炎造成的损失可能比临床乳腺炎更为严重，有资料统计是 2 倍以上。乳腺炎也可根据感染途径分为传染性乳腺炎和环境性乳腺炎。

1. 传染性乳腺炎的预防措施

（1）挤奶前后用消毒剂浸乳头。

（2）采用一头牛使用一块清洁的毛巾或纸巾来清洁乳房。

（3）感染牛最后挤奶。

（4）挤奶过程中保持手的清洁。

（5）淘汰难愈牛只，尤其是经干奶期治疗无效的牛。

2. 环境性乳腺炎的预防措施

（1）保持环境干燥、清洁、舒适。

（2）注意奶牛干奶期（头胎临产前）卫生及产犊卫生。

（3）挤奶后马上浸奶头。

（4）挤奶后让牛站立一段时间（至少 20 min），尤其是散放饲养的牛只。

（四）生奶在牧场中的保存

1. 牛奶被挤出时的温度略低于牛的体温，牛奶是细菌的最好培养基，因此牛奶被挤出后应尽可能快的使牛奶温度下降到2～4 ℃后保存。

2. 直冷式奶缸内牛奶保存时间在 24 h 以内的，贮存温度应保持 4 ℃以下，贮存时间越长，温度应更低些。

3. 每次混入的热牛奶不能是大量的，一般以管道化挤奶的接收罐容量为度。

4. 当热奶混入冷奶时，其混合奶温度不得超 10 ℃，否则应经予冷却后再混合。混入牛奶 1 h 后，全部牛奶应达到 4 ℃以下。

5. 管道化挤奶加直冷式奶缸的组合，是目前最合理的选择，这种方式使牛奶生产处于全封闭状态，加上有效的清洗保养和控制乳腺炎，可生产出卫生质量上乘的生奶。

九、 场址的选择

牛场场址的选择，要用长远发展的眼光周密考虑，统盘安排。

（一）牛场位置

牛场的位置应选在距饲料生产基地和放牧地较近，交通发达，供水供电方便的地方，不要靠近工厂、住宅区，以利防疫和环境卫生。

（二）地势、水位

牛场地势要高燥、背风向阳，最好北高南低，土质坚实（以沙质土为好），地下水位低，具有缓坡的排水良好的开阔平坦地方。平原的低洼地、丘陵山区和峡谷地方，由于空气流通不良，光线不充足，而且往往潮湿阴冷，不利于牛的身体健康和生产潜力的发挥。高山区的山顶虽然地势高燥，但风势较大，气候变化剧烈，交通往往也不方便。因此，这两类地方都不宜选择为牛场场址。

（三）水源、水质

水是养牛生产必需的条件，因此在选择场址时要首先考虑有充足良好的水源，且取用方便。同时，还要注意水中所含微量元素的成分与含量，特别要避免被工业、微生物、寄生虫等污染的水源。井水、泉水等一般是水质较好的。河溪、湖泊和池塘等地面水要经过净化处理后达到国家规定的卫生指标才能使用，以确保人畜安全和健康。

（四）利于防疫和环境卫生工作

牛场要离交通要道 200 m 以上，离村庄 500 m 以上，并避开空气、水源和土壤污染严重的地区以及家畜传染病源区，以利防疫和环境卫生工作的发展。

（五）留有发展余地

选择的场址要留有发展余地，以利养牛生产的规模发展。这里的"发展"有两方面的含义：一方面单纯以牛群的扩大来发展养牛生产规模，即在原有生产规模的基础上增加饲养头数，扩大牛场生产能力；另一方面是通过加深养牛生产程序发展养牛头数，扩大规模。原来的饲养头数不变，在此基础上扩大生产经营规模，加深养牛生产程序，如增加良种繁殖场、牛产品加工厂、饲料加工厂等。如果选场址时没留发展余地，一旦要扩大规模就会受到局限；如果易地另建，不仅造成经营管理的不便而且会使费用增加，造成很大浪费。

十、牛场布局

（一）牛舍

牛舍应排在牛场生产区的中心，便于饲养管理、缩短运输线。为便于采光和防风，在排列牛舍时应采取长轴平行，坐北向南。当牛舍超过 4 栋时，可两行并列配置，前后对齐，牛舍与牛舍之间相距 10 m 以上。为有利于降温防暑，可在牛舍运动场种植葡萄、南瓜等藤类植物，搭架爬上牛舍房顶，对牛舍和运动场地起着遮荫防暑作用，冬季叶枯萎脱落又不影响采光，同时绿化了牛场，还增加了牛场的经济收入，可谓一举数得。

（二）饲料库与饲料加工室

饲料库要靠近饲料加工室，运输方便，车辆可以直接到达饲料库门口，加工饲料取用方便。饲料加工室应设在距牛舍 20～30 m 以外，在牛场边上靠近公路，可在围墙一侧另开一侧门，以便于饲料原料运入，又可防止噪音影响牛的安静环境和灰尘污染。

（三）青贮塔、草垛

青贮塔（窖或池）可设在牛舍附近、便于运送和取用的地方，但必须防止牛舍和运动场的污水渗入窖内。草垛应距离牛舍和其他建筑物 50 m 以外，而且应该设在下风向，以便于防火。

（四）贮粪场及兽医室

贮粪场应设在牛舍下风向、地势低洼处。兽医室和病牛舍要建筑在牛舍 200 m 以外偏僻地方，以避免疾病传播。

（五）职工宿舍、食堂和办公室

这三个建筑物应设在牛场大门口或场外，以防止外来人员联系工作穿越牛场，避免职工家属随意进入牛场内。生产场（牛场）与生活区和行政区最好用内围墙相隔，另设专用门通入。牛场大门口应设消毒池。

十一、牛舍建筑

（一）拴系式牛舍

拴系式牛舍，亦称常规牛舍。母牛的饲喂、挤奶、休息均在牛舍内。其优点是挤奶或饲养员可全天对乳牛进行看护，做到个别饲养，分别对待；母牛如有发情或不正常现象能及时发现；采用这种方式，有可能充分发挥每头乳牛的生产潜力，夺取高产。但这种方式使用劳力多，占用的时间多，劳动强度大，牛舍造价较高；母牛的角和乳房易损伤，因为母牛在此种方式下不能"自我护养"。

1. 建筑形式 常见的有钟楼式、半钟楼式和双坡式三种。

钟楼式：通风良好，但构造比较复杂，耗建筑材料多，造价高，不便于管理。

半钟楼式：通风较好，但夏天牛舍北侧较热，其构造也较复杂。

双坡式：这种形式的屋顶可适用于较大跨度的牛舍，为增强通风换气可加大舍内窗户面积。冬季关闭门窗有利保温，牛舍建筑易施工，造价低。近几年，采用这种形式较为普遍。

2. 排列方式 牛舍内部的排列方式，视牛头数的多少而定，分为单列式和双列式。一般饲养头数较多的牛场多采用双列式，对于饲养头数较少牛场（如农村奶牛场），则多采用单列式。

在双列式中，又可分为双列对尾式和双列对头式两种，以对尾式应用较为广泛。因牛头向窗，有利日光和空气的调节，传染病的机会较少，挤奶及清理工作也较便利；同时还可避免墙被排泄物所腐蚀。但分发饲料稍感不便。对头式的优缺点与对尾式相反。

3. 牛舍布局 牛舍内布局应合理，且便于人工操作（包括机械操作）。

（1）牛床 牛床是乳牛采食、挤乳和休息的场所，牛床应具有保温、不吸水、坚固耐用、易于清洁消毒等特点。牛床的长度、宽度取决于牛体大小，并应利于挤奶。

牛床一般采用如下尺寸：

泌乳牛 $(170\sim190)\times(120\sim140)$ (cm^2)

初孕和育成牛 （170～180）× （110）（cm²）

犊牛 120×80 （cm²）

牛床的坡度一般为 1%～1.5%，以利向粪尿沟排水。坡度不宜过大，否则容易发生子宫脱或胯脱。牛床不宜过短或过长，过短时乳牛起卧受限容易引起乳房损伤、发生乳房炎或腰肢受损等；牛床过长则粪便容易污染牛床和牛体。水泥牛床后半部可用手指粗的木条，把水泥面压成 10～15 cm 大斜方块，可防止牛只滑倒。

（2）隔栏　为了防止牛只互相侵占床位和便于挤奶及其他管理工作，在牛床上设有隔栏，通常用变曲的钢管制成。隔栏前端与拴牛架连在一起，后端固定在牛床的 2/3 处，栏杆高 80 cm，由前向后倾斜。

（3）饲槽　饲槽位于牛床前，通常为统槽。饲槽长度与牛床总宽度相等，饲槽底平面高于牛床。饲槽必须坚固、光滑、便于洗刷，槽面不渗水、耐磨、耐酸。饲槽一般采用如下尺寸（表3-5）。

表3-5　乳牛饲槽尺寸

单位：cm

	槽上部内宽	槽底部内宽	前沿高	后沿高
泌乳牛	60～70	40～50	30～35	50～60
初孕和育成牛	50～60	30～40	25～30	45～55
犊牛	30～35	25～30	15～20	30～35

饲槽前沿设有牛栏杆，饲槽端部装置给水导管及水阀，饲槽两端设有窗栅的排水器，以防草、渣类堵塞阴井。近来，也有些乳牛场，饲槽采用地面饲槽，地面饲槽比饲喂通道略低一点。

（4）饲喂通道　饲喂通道位于饲槽前，是饲喂饲料的通道。通道宽应便于 2 人操作（包括机械），其宽度为 1.2～1.5 m，坡度为 1%。

（5）拴系形式　拴系形式有硬式和软式两种，硬式多采用钢管制成；软式多用铁链。铁链拴牛通常采用固定式、直链式和横链式。一般采用直链式，因直链式简单实用，坚固造价低。直链式尺寸为：直杆铁链（长链）上，短链能沿长链上下滑动。采用这种拴系方法，可使牛颈上下左右转动，采食、休息都很方便。

（6）粪尿沟　牛床与清粪通道之间，应设粪尿沟，粪尿沟通常为明沟，沟宽为 30～40 cm，沟深为 5～18 cm，沟底向流出处略倾斜，坡度为 0.6%。粪尿沟也可采用半漏缝地板。现代化乳牛场多安装链刮板式自动清粪装置，链刮板在牛舍往返运动，可将牛粪直接送出牛舍，并撒入贮粪池中或堆肥，尔后送到田地。

（7）清粪通道　清粪通道与粪尿沟相连，在双列式牛舍中，即为中央通道，它是乳牛出入和进行挤乳作业的通道。为便于操作，清粪通道宽度为 1.6～2.0 m，路面最好有大于 1% 的拱度，标高一般低于牛床，地面应抹制粗糙。

（8）门窗　为便于牛群安全出入，各龄乳牛舍门的尺寸应是：

	门　宽	门　高
泌乳牛	1.8～2.0 m	2.0～2.2 m
犊　牛	1.4～1.6 m	2.0～2.2 m

牛舍窗口大小一般为占地面积的 8%，窗口有效采光面积与牛舍占地面积相比，泌乳牛 1：12，青年牛则为 1：10～14。

4. 建舍要求　根据奶牛的特点，建筑牛舍时首先要考虑到防暑降温和减少潮湿，为此，建筑牛舍要求：

（1）提高牛舍屋盖，增加墙体厚度。屋檐距地面高度应为 320～360 cm；墙体厚度要在 37 cm 以上，或在墙体中心增设一绝热层（如玻璃纤维层等），可有效地防止和削弱高温和太阳辐射，对牛舍的气温影响，起到隔热和保暖作用；除在墙体上开窗口外，还要在屋顶设天窗，以加强通风，起到降温作用。

（2）注意通风设施的设计和安装。

（3）牛舍内应设排水设施及污水排放设施。

5. 附属设施 附属设施主要包括运动场、围栏、凉棚、消毒池及粪尿池等。

（1）**运动场** 运动场是乳牛自由运动和休息的地方，成年母牛以每头 $20\sim25\ m^2$ 为宜。一般多设在牛舍南侧，要求场地干燥、平坦，并有一定坡度，场外设有排水沟。

围栏，设在运动场周围，围栏包括横栏与栏柱，围栏必须坚固，横栏高 $1\sim1.2\ m$，栏柱间距 $1.5\ m$。围栏门多采用钢管横鞘，即小管套大管，作横向推拉开关。亦有的奶牛场是设置电围栏。可用钢管或水泥柱为栏柱，用废旧钢管将其串联起来即可。运动场内还应设饲槽、饮水池。饲槽、饮水池周围应铺设 $2\sim3\ m$ 宽的水泥地面，并且向外要有一定坡度。运动场还应设凉棚，凉棚为南向，棚盖应有较好的隔热能力。

（2）**消毒池** 乳牛饲养区进口处应设消毒池，消毒池结构应坚固，以使其能承载通行车辆的重量。消毒池还必须不透水、耐酸碱。池子的尺寸应以车轮间距确定，长度以车轮的周长而定。常用消毒池的尺寸一般是：长 $3.8\ m$，宽 $3\ m$，深 $0.1\ m$。

消毒池如仅供人和自行车通行，可采用药液湿润，踏脚垫放入池内进行消毒，其尺寸为长 $2.8\ m$，宽 $1.4\ m$，深 $5\ cm$。池底要有一定坡度，池内设排水孔。

（3）**粪尿池** 牛舍和粪尿池之间要保持 $200\sim300\ m$ 的距离。粪尿池的容积应由饲养乳牛的头数和贮粪周期确定。

（二）散栏式牛舍

从奶牛养殖模式来看，国际上奶牛养殖经历了一个从分散饲养到集约化饲养再到散栏饲养的发展过程，这也是一个规模化的过程。

近年来，在我国不少地区已开始进行散栏饲养，实行挤奶台集中挤乳，并配以饲喂、清粪等作业机械化，这是奶牛业工厂化、现代化的发展方向。散栏饲养，是牛在不拴系、无固定床位的牛舍（棚）中自由散养，自由采食、自由饮水和自由运动。到规定时间，在饲养员的诱导下有序地进入全机械化挤奶厅集中挤奶，挤完奶又轻松自如地返回自由营地。奶牛始终处于不受吆喝、不挨鞭打、不愁饥渴、无恐惧、无伤感的舒适状态，似回归了大自然。这种模式是将无固定牛床饲养和挤奶厅集中挤乳相结合的一种现代饲养工艺。饲养工艺流程分工专业化，节省劳力，降低劳动强度，大大提高劳动生产率，在北美、欧洲发达国家已普遍推广使用。我国目前大部分新建牧场已开始采用。

1. 牛舍的分类 根据气候差异，可分为封闭式牛舍、半开放式牛舍、开放式牛舍；根据牛的种类，可分为泌乳牛舍、干奶牛舍、犊牛舍、育成牛舍、产牛舍等；根据牛舍的结构，可分为钟楼式牛舍、半钟楼式牛舍、人字形双坡式牛舍等。牛场主们应该根据自己的实际情况选择合适的形式来建设。

2. 散栏牛舍的建设型式 散栏式牛舍最常用的型式是 4 列式和 6 列式。多数情况下要考虑平均每头牛的投资成本来决定采用哪种牛舍型式。

表 3-6 散栏牛舍平均尺寸、卧栏数、奶牛数和牛均空间

牛舍型式	牛舍跨度 (m)	饲喂通道宽度 (m)	奶牛占有牛舍宽度 (m)	牛舍长度 (m)	卧栏数	正常奶牛数	每头牛		
							面积* (m^2)	采食空间 (cm)	饮水空间 (cm)
4 列式	27	5	22	75	200	200	8.25	75	9.1
6 列式	31.6	5	26.6	75	320	320	6.23	46.9	5.7
2 列式	16	5	11	75	100	100	8.25	75	9.1
3 列式	18.3	5	13.3	75	160	160	6.23	46.9	5.7

* 不包括饲喂通道。

牛舍过度拥挤时对奶牛采食和饮水空间会有影响。有关研究资料表明，牛均占有饲槽在 20~50 cm 时有不同程度的影响，低

于 20 cm 时奶牛进食量下降，过度拥挤时情况更加严重。

4 列式散栏牛舍可以选择 27 m 或 30 m 跨度，饲喂通道宽度根据饲喂车规格可以是 4.5～6 m；

6 列式散栏牛舍可能需要 32～35 m 的跨度。

规模较小的牛群或较冷地区可以考虑 2 列式和 3 列式散栏牛舍设计，单侧饲喂。

3. 牛舍内的配套设施

（1）卧床　奶牛自由卧栏的设计要求是：在满足生产管理要求的同时，尽可能地模仿草地的环境。表面柔软、干净平坦、大小合适，前部要留有充分的前冲空间，奶牛起立时能向前伸腿，卧下时头颈活动不受任何限制，并能将头弯曲到身体一侧休息，腿、乳房、尾部都能在牛床上，排粪排尿应排到牛卧床以外的清粪通道上，不污染或少污染牛床。牛床后沿（挡墙）高度不可过高，否则易引起奶牛恐惧心理，但过低时容易被清粪时污染。后沿的高度一般取决于清粪方式，采用漏粪地板或刮板清粪方式，可选择 20 cm 高度；采用水冲清粪应提高到 25～30 cm 高度；拖拉机清粪或牛舍长度过长，应考虑分段清理、增加清粪次数，后沿高度应为 20～30 cm。当前国内外对奶牛自由卧栏没有统一标准，主要是奶牛个体体型的差异。

表 3-7　不同体重奶牛的自由卧栏设计尺寸

体重 （kg）	卧栏宽度 （cm）	卧栏长度（cm）		颈轨高度 （cm）	卧床沿到颈轨和挡胸板的距离（cm）
		侧冲式	前冲式		
350～550	110～112	200	230～245	105～110	160
550～700	115～122	215	245～260	112～117	170
＞700	122～132	230	260～275	117～122	180

卧床填充物有多种选择：沙土、清洁干草、干燥的沼渣等，也可选用橡胶海绵垫，垫料厚度不少于 12 cm，一般要求 15～20 cm。垫料要求柔软、干燥、吸水性强，不能有乳房炎病原菌

滋生条件，不会引起关节磨损，成本低，容易维护。同时要考虑粪便处理时不能因其混入而增加处理费用。垫料铺垫前高后低，坡度为 2%～3%，使奶牛卧下休息时感到更为舒服。

小麦秸、稻草等作为褥草永远是最好的铺垫物，卧床、产栏以及犊牛都可以使用。

（2）饲喂栏枷　散栏式饲养条件下，颈枷数量可以少于奶牛饲养量的 10%，但面临检疫时的困难。牛舍设计要平衡卧栏数量和颈枷数量的关系。建议满足牛平均 70～80 cm 采食位，卧栏数量可以是颈枷数量的 90%～100%。TMR 自由采食下，也可以考虑采用挡颈杆，牛均采食位 60～70 cm。

饲槽表明应该平滑以免伤害奶牛舌头。在粗糙的饲槽中采食时牛的舌头侧面最容易被伤害。饲槽表面可以用塑料、瓷砖等材料加以覆盖。但饲槽过度光滑容易造成饲槽中饲料堆积，需要更频繁地整理饲槽。

（3）饮水装置　牛奶中 87% 的成份是水，在干物质进食高峰期饮水量是非常关键的。奶牛对饮水空间的需求一般是每头牛 3.0～9.1 cm。典型的做法是在较冷地区每 10～20 头奶牛设置一个饮水池或提供 61 cm 的饮水空间；在炎热地区，则舍内牛均应提供 9.1 cm 的饮水空间。一般在 4 列式和 6 列式散栏牛舍中，每个通道联通处都设置饮水点，并且两种牛舍的数量相同。因此，6 列式牛舍的奶牛饮水空间较 4 列式牛舍少 37.4%。如果考虑牛舍过载造成牛群拥挤的情况，则牛舍的饮水空间减少更多，6 列式牛舍尤甚。在建造 6 列式牛舍或牛舍饲养密度大的情况下，提供足够的有效饮水空间非常重要。炎热季节里应满足每头牛 9.1 cm 饮水空间。

4. 挤奶中心　挤奶中心包括挤奶厅、待挤厅、集乳室、机房及办公管理间等。

现代化规模牧场，考虑到数字化管理系统的应用，一般采用较并列式挤奶厅会提高挤奶效率，而小型奶牛场选择鱼骨式挤奶厅较为适宜。

减小奶牛在挤奶过程中的应激非常重要，因而挤奶厅的设计和建造应考虑将奶牛离开饲料和饮水的时间尽可能降到最低。合理设计挤奶通道和挤奶厅出口的尺寸可以减少奶牛往返挤奶厅的通行时间。目前，鱼骨式、并列式和转盘式挤奶厅是挤奶厅建筑的主流型式。转盘式挤奶厅要扩大容量比较困难，而并列式和鱼骨式挤奶厅扩大容量就容易得多。

典型的挤奶厅容量设计为：每天 2 次挤奶，每次挤奶时间 10 h；每天 3 次挤奶，每次挤奶时间 6.5 h；每天 4 次挤奶，每次挤奶时间 5 h。以此标准设计的挤奶厅容量包括了清洁和维护设备的时间。

牛舍及牛群规模的确定。应基于每个泌乳牛群的班次挤奶时间，即每天 2 次挤奶，每班 60 min；每天 3 次挤奶，每班 40 min；每天 4 次挤奶，每班 30 min。在此挤奶时间框架内确定的牛群规模大小可以最大限度地缩短奶牛离开饲料和饮水的时间。

待挤区是奶牛最集中的区域，应考虑降温措施以降低奶牛在此滞留过程中的热应激。待挤区容量设计基于每头奶牛 1.6 m² （一群奶牛需要的最小空间）设计较为合适。如果待挤区是非水冲式设计，则应增加 25% 的设计面积，以便在第 1 群奶牛挤奶接近完成时容许第 2 群奶牛进入待挤区（赶牛器相隔）。待挤厅地面坡度 3%～5%，足够的坡度符合奶牛趋坡行走的习性，也便于挤奶结束后的地面清理。

赶牛通道宽度应根据牛群大小来确定。通常情况下，每个泌乳牛群小于 150 头，通道宽度为 4.5 m；牛群在 150～250 头时，通道宽度增加到 5.5 m；251～400 头时为 6.0 m；牛群大于 400 头时，通道宽度应达到 7.5 m。

5. 数字化系统 近年来，随着养殖技术的不断发展，奶牛的数字化管理系统越来越受重视。数字化系统一般包括：信息采集、数据处理（管理软件）和信息反馈。

（1）信息采集　包括奶牛行为信息采集和生产数据采集。行为采集一般采用计步器并与牛只识别装置配合使用，目前应用较广，多用于奶牛发情鉴定。生产数据包括牛奶计量器和奶牛遗传改良（DHI）测试。牛奶计量器能准确地测量出每头牛的产奶量和电导率，并把数据自动传送到管理软件。（奶牛DHI测试见附件）

（2）管理软件　随着奶牛业的不断发展，养牛业已从传统的生产管理方式向现代化的管理方式转变。特别是集约化奶牛场或奶牛养殖小区，奶牛周而复始地妊娠、产犊、产乳、干奶、配种和疾病诊疗，并伴随着青年母牛不断进入生产角色和牛只的主动淘汰，使得对牛群结构和生产过程的数字化管理势在必行。为发挥牛群的整体生产潜力，运用计算机软件对规模化奶牛场进行科学的管理，能及时准确地收集、加工、存贮、分析每个奶牛的信息，不仅为奶牛遗传改良提供了第一手数据，而且可以科学预测奶牛个体对养分的需要，最终服务于科学。配制日粮和按奶牛个体实施精细饲养，还可为制定牛场的饲料采购计划提供依据。随着奶牛场管理水平的提高和生产的发展，信息量急剧增加，奶牛场实现计算机管理是时代发展的必然要求和趋势。

（3）数字化系统应用　记录牛场日常工作。包括兽医治疗（每天治疗情况和每个月的治疗总结），配种情况（各种配种指标、精液使用情况、每日输精情况等），产奶情况（每班每日每月的产奶量、挤奶台工作情况等），牛群概况（牛只状态分布、牛群异动、淘汰情况、每头牛的体型评定、BCS等）。

育种数据收集。准确记录奶牛一生的所有数据。比如，体型评定（泌乳特征、体高、尻角度等），所有胎次产奶乳脂率、乳蛋白和体细胞，持续力，发病情况，产犊情况（是否难产），繁殖状况（每胎的配次以及繁殖疾病等），生长发育情况（体重体尺变化）等。这些数据对于育种工作都是很有帮助的。

DHI 数据导入，并可以对数据进行分析，自动列出体细胞偏高的牛，乳脂率偏低的牛等。从而真正将 DHI 数据与生产实际相结合，发挥 DHI 的指导作用，提高生产水平。

（三）房屋改造

将现有房屋改为牛舍，可大大降低建设费用。现有房屋一般为鸡舍、厂房和农村旧房。

鸡舍、厂房跨度在 9 m 以上时，可采用双列式、尾对尾、头朝窗，否则采用单列式，后墙上的窗户要改到同前窗一样大，舍内布局同前述一样。

农村旧房跨度小，一般 4 m 左右，即使采用头朝窗的单列式，其跨度也小，因饲喂通道、饲槽和牛床就需 3.6～4.0 m，这就无法设置清粪通道，故此类房屋可采用纵向双列对尾排列，即头朝东和西，尾对着尾，南北墙要加 1.2 m 高的水泥裙。舍内布局同前述，只是由横向排列改为纵向排列。另外，后墙上的窗户也需加大到同前窗。

第四章

奶牛群保健与疾病防治

高产、稳产和健康是奶牛群要达到的目标。其中健康是关键。只有健康，才会有奶牛的高产和稳产；当牛群健康状况较差时，必将影响产乳量的提高而使生产效率低下，甚至因疫病而引起奶牛死亡，致使生产蒙受损失。因此，就高产奶牛群而言，牛群保健计划的建立和保健措施的实施，是极其重要的工作。

一、牛群保健目标

所谓保健目标，就是指奶牛健康状况所要达到的标准。由于外界环境条件（气候、地理）、饲料安排、饲养管理水平等不同，不同牛群的管理方法和保健计划也不一致。但尽可能有效地生产出数量多、质量高的牛乳，这是每个奶牛场所共同期望达到的最终目标。对于一个饲养管理水平高的奶牛场来说，疾病控制目标是：①全年总淘汰率在 25%～28%；②全年死亡率在 3% 以下；③乳房炎治疗数不应超过产奶牛的 1%；④8 周龄以内犊牛死亡率低于 5%；⑤育成牛死淘率低于 3%；⑥全年怀孕母牛流产不超过 8%。

二、牛群保健内容

牛群保健计划能否完成，其关键决定于能否做到对疾病的早期预防、正确的诊断和有效的治疗。

(一) 预防

保证奶牛健康，预防是基础；预防措施包括营养、消毒、隔离、淘汰、驱虫和免疫。

营养是奶牛健康的物质基础，是机体健康的根本保证。合理的饲养，平衡的日粮，能增强机体抵抗力；营养不良，致使奶牛在临床上发生营养代谢性疾病已屡见不鲜。

牛场环境定期清洁、消毒，特别是在产犊前后，可以减少环境微生物的生长繁殖；对病牛的隔离，或从其他奶牛场购进奶牛时，进行必要的健康检查，确保无病，并继续隔离2～3周，可以大大减少奶牛个体之间和畜群之间的疫病传播。

淘汰患有结核病、布鲁氏菌病、口蹄疫的病牛是消灭传染源，防止其流行的有效方法。

在奶牛场的日常工作中，防疫消毒已逐渐被重视，防疫消毒措施也不断完善和加强，故不再阐述；奶牛营养的供应及营养代谢性疾病在本书中有所论述，现仅将免疫问题介绍如下。

1. 奶牛易患的传染病 奶牛的结核病、布鲁氏菌病为其常见的传染病，已为奶牛场所普遍了解和重视，为了控制其发生、传播，我国养牛界已总结出净化"两病"的有效措施。

随着牛群扩大，引进牛只特别是频繁地从国外引进奶牛，伴随而来的是牛群发生一些新的传染病，如传染性鼻气管炎（IBR）、牛病毒性腹泻/黏膜病（DVD/MD）等将会在一定程度上影响奶牛生产，对此，应予以重视。现简介于后及表4-1。除此外，还应注意奶牛群中遗传性疾病的发生。

（1）**牛传染性鼻气管炎** 为病毒性传染病。特征是母牛上呼吸道炎、传染性脓疱外阴道炎，引起奶牛流产、久配不孕。犊牛发生脑膜炎。

表 4 - 1　几种奶牛传染病的预防免疫

病名	病原	主要病状	接种疫苗	免疫期
牛传染性鼻气管炎（IBR）	牛传染性鼻气管炎/传染性脓疱阴道炎病毒	鼻黏膜充血、溃疡，结膜炎，血便，流产，阴道炎；公牛龟头炎；犊牛脑膜炎	①匈牙利热稳定苗；②氢氧化铝胶浓苗	6个月
牛病毒性腹泻（BVD）	牛病毒性腹泻-黏膜病病毒	高热，腹泻，鼻、口腔、阴道黏膜糜烂，粪呈水样，跛行，死胎，流产，犊牛致死性黏膜病	①BVD弱毒苗；②BVD可溶性抗原疫苗	6个月
牛副流感	牛的Ⅲ型副流感病毒	纤维蛋白性肺炎，吸收困难、高热	副流感Ⅲ型疫苗	
布鲁氏菌病	牛布鲁氏菌	乳房炎、流产、子宫炎、关节炎、睾丸炎	①布鲁氏菌19号菌苗；②猪型布鲁氏菌2号菌苗；③羊型布鲁氏菌5号菌苗	14个月
炭疽	炭疽杆菌	体温升高，胸、腹水肿，喉、胸、腹、乳房、口腔坏死、溃疡	①无毒炭疽芽孢苗；②第二号炭疽芽孢苗	12个月
大肠杆菌病	埃希氏大肠杆菌	高热、中毒性神经症状、昏迷、腹泻	妊娠牛产前6周和3周各注射一次埃希氏大肠杆菌（K_{99}抗原）苗	

　　（2）牛病毒性腹泻　病毒性传染病。特征是消化道黏膜发炎和糜烂，腹泻，脱水，跛行和流产。

　　（3）牛的副流感　为病毒性传染病。特征是引起牛的纤维素蛋白性肺炎，也有造成流产的报道。

（4）炭疽 由炭疽杆菌引起。其特征是死亡快，高热，天然孔出血；皮肤型炭疽表现为皮肤水肿性肿胀；经消化道感染型，表现为头、颈部组织的炎性水肿。

（5）布鲁氏菌病 由牛布鲁氏菌引起。其特征是引起母牛的流产和公牛的附睾炎。

2. 免疫 免疫是指机体对疾病的抵抗能力或不感受性。即在疾病发生前，通过接种疫苗等手段，使机体经受轻度感染，从而激发家畜体内抵抗侵入病原微生物的免疫系统，产生抗体，以此与侵入机体内的病原微生物进行斗争，从而防止同病原微生物再次感染。这是牛群保健计划中最主要的措施之一。虽然免疫接种不可能预防所有的疫病，但是，许多对牛群危害严重的疫病，可以通过一定的免疫程序而得到预防。

炭疽、牛布鲁氏菌病就是用接种疫苗的方法控制的。世界不少养奶牛的国家也普遍采取注射疫苗的方法来控制牛的病毒性腹泻、牛传染性鼻气管炎等病。

（1）奶牛易患传染病的免疫程序

牛传染性鼻气管炎：①4～6月龄犊牛接种；②空怀青年母牛在第一次配种前40～60天接种；③妊娠母牛在分娩后30天接种。已注射过该疫苗的牛场，对4月龄以下的犊牛，不能接种任何其他疫苗。

牛病毒性腹泻疫苗：①牛病毒性腹泻灭活苗，任何时候都可以使用，妊娠母牛也可以使用，第一次注射后14天应再注射一次；②牛病毒性腹泻弱毒苗，1～6月龄犊牛接种，空怀青年母牛在第一次配种前40～60天接种，妊娠母牛在分娩后30天接种。

牛副流感Ⅲ型疫苗：犊牛于6～8月龄时注射一次。

牛布鲁氏菌19号菌苗：5～6月龄母犊牛接种。

猪型布鲁氏菌2号菌苗：口服，用法同19号菌苗。

（2）接种注意事项 ①生物药品的保存、使用应按说明书规定；②接种时用具（注射器、针头）及注射部位应严格消毒；③生物药品不能混合使用，更不能使用过期疫苗；④装过生物药品的空瓶和当天未用完的生物药品，应该焚烧或深埋（至少46 cm深）处理，焚烧前应撬开瓶塞，用高浓度漂白粉溶液进行冲洗；⑤疫苗接种后 2～3 周要观察接种牛，如果接种部位出现局部肿胀、体温升高等症状，一般可不作处理；如果反应持续时间过长，全身症状明显，应请兽医诊治；⑥建立免疫接种档案，每接种一次疫苗，都应将其接种日期、疫苗种类、生物药品批号等详细登记。

国家对布鲁氏菌病防治有严格的规定，有的饲养区域不能用疫苗预防，作为饲养场户应严格遵守执行。

3. 驱虫　目前奶牛寄生虫病的流行也逐渐增加。特别是肝片吸虫、球虫等所引起感染，在许多奶牛场都有发生。对此，驱虫是另一项重要的预防措施。即在肝片吸虫病、球虫病发病率高的奶牛场，应进行有计划的定期驱虫。同时，应了解虫体的发育史，加强粪便的清除管理，避免饲草的污染，控制虫卵的发育，减少经口感染机会。

（1）肝片吸虫　①4～6 月龄犊牛用左旋咪唑、肝蛭净和芬苯达唑；②配种前 30 天驱虫一次，用药同上；③产后 20 天驱虫一次，用哈罗松或蝇毒灵。

（2）球虫

磺胺二甲嘧啶：剂量为 140 mg/kg，口服，每天 2 次，连服 3 天。

氨丙啉：每天 20～50 mg/kg，连服 5～6 天。

莫能霉素：每吨饲料加入 16～33 g。

拉萨洛素：用量为 112 mg/kg。

（二）诊断

牛群保健计划中诊断是不可缺少的一部分。没有正确的诊断就不能及时发现病牛，也就不可能采取有效的治疗措施。为此，在牛群保健工作中，应注意以下几点：

1. 掌握饲料配合与变化　饲养管理的正确与否直接影响奶牛的健康与发病。从某种意义来讲，牛群是否发病可反映出饲养管理水平的好坏，而饲养管理正确与否又可通过奶牛是否发病、发病多少来验证。例如，精料过高，粗饲料缺少的日粮，易引起奶牛酮病、瘤胃弛缓、瘤胃积食和瘤胃酸中毒的发生；饲喂霉败的大麦根、甘薯，易使奶牛发生大麦根中毒和霉烂甘薯中毒；饲喂铡短而又未经磁铁处理的干草，常常会使奶牛发生创伤性网胃炎及创伤性心包炎。因此，在诊断疾病时应随时了解饲料的品种、日粮组成及饲料加工和调制方法。

2. 掌握奶牛的异常变化　奶牛的行为、食欲、乳汁和其他异常变化，可以作为预示奶牛健康问题的征兆。例如，产后母牛卧地不起，行走时步态不稳、蹒跚，这是产后瘫痪的预兆；站立时肘肌震颤，肘头外展，排出汗、黑粪便，这是创伤性网胃炎的典型症状；乳汁稀薄，内含凝乳块、絮状物，说明奶牛已患乳房炎。因此，在诊断时，应细致观察。

3. 掌握奶牛疾病的发病规律　奶牛因其具有泌乳这一特点，所以，这就决定了它本身发病的特点。由于生理阶段、地区及饲养管理不同，故发病各异。高产奶牛易患酮病，犊牛易患腹泻；南方的奶牛易发生肝片吸虫病，北方奶牛易发生蜱病；管理好的奶牛场发生乳房炎少，挤奶卫生差的牛场乳房炎多。因此，在诊断时，应了解本地区、本牛场奶牛发病规律，从而为诊断提供依据。

4. 注意药物疗效　药物疗效是验证诊断是否正确的一个重要方面。用药物治疗以判断疾病的方法称作"治疗性诊断"或"药物诊断"。因此，当对疾病诊断并用药物治疗后，应随时观察奶牛对药物的反应，根据药物疗效帮助我们进一步确诊病性。

5. 综合分析，仔细鉴别　在掌握了临床检查（症状表现、一般检查和全身检查）、饲养状况和生理阶段等第一手材料后，对此应进行综合分析，并且要进行类症鉴别。例如，奶牛酮病的消化类型，主要表现为前胃弛缓，此时，在诊断中就应鉴别是原发性和继发性前胃弛缓，千万不应将食欲减退或废绝都认为是前胃弛缓，而将酮病遗漏。

6. 建立诊断室　诊断要有手段。随着奶牛疾病的增多和复杂化，单凭临床诊断和经验已不能适应现代化生产的需要，应建立牛病诊断室。在正常生产情况下（即无疫病流行），应定期进行血液各种生化值的检验，血清学（IBR、BVD、布鲁氏菌病等）检查。根据检验结果，提出早期疾病预报。当有疾病发生时，通过诊断手段提供的各种数据，使我们的诊断更具有科学性。

（三）治疗

及时、正确地治疗是奶牛保健措施中的一个不可缺少的环节。治疗方法很多，奶牛生产上常用的治疗是药物治疗。

乳是奶牛的生产产品，乳又是人类生活中的营养最丰富的食品。因此，牛乳的品质直接与人类健康有关。

值得注意的是：在应用药物治疗病牛时，无论是口服、注射或其他途径，药物都能通过血液循环进入乳中。因此，药物的残留、牛乳废弃时间等问题，在公共卫生、食品卫生上都是十分重要的，应引起高度重视。兽医在治疗用药时，不仅要有适当的用药计划，而且要遵守弃乳时间（表4-2）。同时应注意以下事项：

表4-2　奶牛临床用药的弃乳及停药时间

生理阶段	药物名称	给药途径	弃奶时间（h）	停药天数
非泌乳期牛	土霉素	注射	—	15
	安黄磷	口服	—	4
	磺胺二甲氧嘧啶	口服	—	7
	皮蝇磷	口服	—	10

生理阶段	药物名称	给药途径	弃奶时间（h）	停药天数
泌乳期牛	磺胺二甲嘧啶	口服	96	10
	磺胺二甲氧嘧啶	口服	60	7
	磺胺异噁唑	口服	96	10
	普鲁卡因青霉素 G	注射	72	5
	磺胺二甲氧嘧啶	注射	60	5
	磺胺二甲嘧啶	注射	96	10
	红霉素	注射	72	2～14
	青霉素及新生霉素	乳房注入	72	15
泌乳期牛	青霉素 G	乳房注入	84	4
	氨苄青霉素	乳房注入	48	10
	呋喃西林	乳房注入	72	未定
	盐酸土霉素	乳房注入	72	未定
	新生霉素	乳房注入	96	30

（1）用药前，仔细阅读药物说明标签，按标签上注明的家畜种类用药。

（2）注意药瓶标签的有效期，特别是抗生素药物都有失效期，过期者，不能再用。

（3）药物剂量是达到疗效的关键。应根据奶牛的体重大小和生理状况（妊娠与否）选择适当的剂量。用药过量会造成残留量超标，有的还会引起中毒。

（4）药物作用不仅与剂量、剂型有关，也与给药途径有关。采用错误给药途径，不仅使药物无效、产生不良反应或增加体内药物残留量，并可能引起家畜死亡，故应采取正确的给药途径。

（5）注射用药时，应选择适合的注射针头和注射部位。所用针头和注射部位不正确，可引起家畜组织损伤、药效降低和药物残留量增高。

（6）使用添加药物的饲料时，要全面检查所有注意事项，特别要看标签说明。抗生素由于滥用，既可造成药物的浪费，又增加了耐药菌株的形成，药物残留和毒性反应的机会。添加药物的饲料，应有适当的停药时间，停药期间不能喂含有药物的饲料，以避免造成高残留量。

（7）为了保证乳及乳制品的安全，不危害人体健康，牛乳和动物在上市和屠宰前应按规定停药。要准确计算屠宰前停药时间和弃乳时间，这一时间应从最后一次用药开始计算。

（8）对所用药物应有准确记录，并在每一次诊治时应详细做病志。

三、牛群保健措施

（一）奶牛场卫生防疫

1. 疫病控制措施

（1）牛场应建围墙或防疫沟，生产区和生活区严格分开。生产区门口设消毒室和消毒池。消毒室内应装紫外灯、洗手用消毒池（或消毒器）；消毒池内放置 2%～3%氢氧化钠或 0.2%～0.5%过氧乙酸等药物，药液定期更换以保持有效浓度。应设醒目的防疫须知标志。

（2）非本场车辆、人员不能随意进入牛场内。进入生产区的人员需更换工作服、胶鞋，不准携带动物、畜产品、自行车等物进场。

（3）牛场工人应保持个人卫生，上班应穿清洁工作服、戴工作帽和及时修剪指甲。每年至少进行一次体格健康检查，凡检出结核、布病者，应及时调离牛场。

（4）经常保持牛场环境卫生，运动场无碎石头、砖块及积水；牛床、运动场每天清扫，粪便及时清除出场，经堆积发酵后处理；尸体、胎衣应深埋。

（5）夏季做好防暑降温工作，消灭蚊、蝇。

（6）冬季做好防寒保暖工作，如架设防风墙、牛床与运动场内铺设褥草。

（7）每年春、秋对全场（食槽、牛床、运动场）进行大消毒。

（8）每年春季进行炭疽芽孢苗免疫注射。在受口蹄疫威胁及常发生流行热的地区，可接种牛口蹄疫疫苗和牛流行热疫苗。

（9）结核病检疫采用结核菌素试验，按农业部颁发的《动物检疫操作规程》规定进行，每年春、秋各一次。可疑牛经过 2 个月后用同样方法在原来部位重新检验。检验时，在颈部另一侧同时注射禽型菌素做对比试验，以区别是否结核牛。两次检验都呈可疑反应者，判为结核阳性牛。凡检验出的结核阳性牛，一律淘汰。

（10）布病检疫每年两次，于春、秋季进行，按《动物检疫操作规程》的规定执行。先经虎红平板凝集试验初筛，试验阳性者进行试管凝集试验，出现阳性凝集者判为阳性，出现可疑反应者，经 3～4 周，重新采血检验，如仍为可疑反应，应判为阳性。凡阳性反应牛一律淘汰。

（11）在牛群中应定期开展牛传染性鼻气管炎和牛病毒性腹泻/黏膜病的血清学检查。当发现病牛或血清抗体阳性牛时，应采取严格防疫措施，必要时要注射疫苗。

（12）严格控制牛只出入。外售牛一律不再回牛场；调入牛，必须有法定单位的检疫证书，进场前，应按《中华人民共和国动物防疫法》的要求，经隔离检疫，确认后方可进场入群。

2. 疫病扑灭措施

（1）疫病发生后，应立即上报有关部门，成立疫病防控领导小组，统一领导防控工作。

（2）及时隔离病畜。各牛场应根据实际条件，选择适当场地建立临时隔离站。病畜在隔离站内观察、治疗；隔离期间，站内人员、车辆不得回场。

（3）牛场在封锁期间，要严格监测，发现病畜及时送转隔离站；要控制牛只流动，严禁外来车辆、人员进场；每 7～15 天全场用 2% 火碱水消毒；粪便、褥草、用具严格消毒、堆积处理；尸体深埋或化制（无害化处理）；必要时可做紧急预防接种。

（4）解除封锁应在最后一头病畜痊愈、屠宰或死亡后，经过 2 周后再无新病畜出现，全场经终末消毒，报请上级有关部门批准后方可。

（二）乳房卫生保健

1. 挤乳卫生管理

（1）挤乳员应保持相对固定，避免频繁更换。

（2）挤乳前将牛床打扫清洁，牛体刷拭干净。

（3）挤乳前，挤乳员双手要清洗干净，戴上手套。有疫情时，要用 0.1% 过氧乙酸溶液洗涤。

（4）挤奶前先观察或触摸乳房外表是否有红、肿、热、痛症状或创伤。

（5）选用专用的药浴液对乳头进行预药浴，药液作用时间应保持 20～30 s。如果乳房污染特别严重，可先用含消毒水的温水清洗干净，再药浴乳头。挤奶前用毛巾或纸巾将乳头擦干，保证一头牛一条毛巾。

（6）挤去头 2～3 把奶，挤到专用容器中，检查牛奶是否有凝块、絮状物或水样。正常的牛可上机挤奶，异常时应及时报告兽医进行治疗，单独挤奶。严禁将异常奶混入正常牛奶中。

（7）上述工作结束后，及时套上挤奶杯组。奶牛从进入挤奶厅到套上奶杯的时间应控制在 90 s 以内，以保证最大的奶流速度和产奶量，还要尽量避免空气进入杯组中。挤奶过程中观察真空稳定情况和挤奶杯组奶流情况，适时调整奶杯组的位置。排乳接近结束时，先关闭真空，再移走挤奶杯组。严禁下压挤奶机，避免过度挤奶。

（8）挤奶结束后，应迅速进行乳头药浴，时间为 3～5 s。

（9）药浴液应在挤奶前现配，并保证有效的药液浓度。每班药浴杯使用完毕后应清洗干净。应用抗生素治疗的牛只，应单独使用一套挤奶杯组，每挤完一头牛后应进行消毒，挤出的奶应单独处理。奶牛产犊后 7 天以内的初乳应饲喂新生犊牛或者单独贮存处理，不能混入商品奶中。

（10）挤奶设备的清洗。清洗剂应选择经国家批准，对人、奶牛和环境没有危害，对生鲜牛乳无污染的清洗剂。每次挤奶前应用清水对挤奶设备进行冲洗。挤奶完毕后，应马上用清洁的温水（35～40 ℃）进行预冲洗，不加任何清洗剂。预冲洗过程循环冲洗到水变清为止。预冲洗后立刻用 pH 11.5 的碱洗液（碱洗液浓度应考虑水的 pH 和硬度）循环清洗 10～15 min。碱洗温度开始在 70～80 ℃左右，循环到水温不低于 41 ℃。碱洗后可继续进行酸洗，酸洗液 pH 为 3.5（酸洗液浓度应考虑水的 pH 和硬度），循环清洗 10～15 min，酸洗温度应与碱洗温度相同。视管路系统清洁程度，碱洗与酸洗可在每次挤奶作业后交替进行。在每次碱（酸）清洗后，再用温水冲洗 5 min。清洗完毕后，管道内不应留有残水。

2. 隐性乳房炎监测

（1）隐性乳房炎监测采用加州乳房炎试验（C. M. T 法）。

（2）泌乳牛每年 1、3、6、7、8、9、11 月份进行隐性乳房炎监测，凡阳性反应在"＋＋"以上的乳区超过 15％时，应对牛群及各挤乳环节做全面检查，找出原因，制定相应解决措施。

（3）干乳前 10 天进行隐性乳房炎监测，对阳性反应在"＋＋"以上牛只及时治疗，干乳前 3 天内再监测一次。阴性反应牛才可停乳。

（4）每次监测应详细记录。

3. 控制乳房感染与传播的措施

（1）乳牛停乳时，每个乳区注射 1 次抗生素。

（2）产前、产后乳房膨胀较大的牛只，不准强制驱赶起立或急走，蹄尖过长及时修整，防止发生乳房外伤。有吸吮癖牛应从牛群中挑出。

（3）临床型乳房炎病牛应隔离饲养，奶桶、毛巾专用，用后消毒。病牛的乳消毒后废弃，及时合理治疗，痊愈后再回群。

（4）及时治疗胎衣不下、子宫内膜炎、产后败血症等疾病。

（5）对久治不愈、慢性顽固性乳房炎病牛，应及时淘汰。

（6）乳房卫生保健应在兽医人员具体参与下贯彻实施。

（三）蹄卫生保健

1. 牛舍、运动场地面应保持平整、干净、干燥　粪便及时清扫，污水及时排除；不用炉渣、石子、砖块、瓦片铺垫运动场和通道。

2. 应保持牛蹄清洁　经常清除趾（指）间污物，冬季用干刷，夏季用清水每天冲洗。

3. 要坚持定期消毒　坚持用 4％硫酸铜液对牛实施喷洒浴蹄，夏、秋季每 5～7 天浴蹄 1～2 次，冬季可适当延长浴蹄间隔。

4. 坚持修蹄　每年对全群牛只肢蹄普查一次，对蹄变形牛于春、秋季节统一全部修整。

5. 对蹄病患牛及时治疗，促进痊愈过程　当蹄变形严重、蹄病发生率达 15％以上时，应视为群发性问题，要分析原因，采取相应防治措施。

6. 修蹄应按正确操作进行　修蹄时，应严格执行修蹄技术操作规程，熟练掌握修蹄技能，正确修蹄。

7. 坚持平衡供应日粮和正确配种程序　供应平衡日粮，满足奶牛对各种营养成分的需要量。禁用有肢蹄遗传缺陷的公牛配种。

（四）营养代谢疾病监控

1. 每年定期抽查血样 每年应对奶牛、高产牛进行 2～4 次血样抽样（30～50 头）检查，检查项目主要包括血细胞数、细胞压积（P.C.V）、血红蛋白、血糖、血尿素氮、血磷、血钙、血钠、血钾、总蛋白、白蛋白、碱贮（CO_2 结合力）、血酮体、谷草转氨酶、血游离脂肪酸等。

2. 定期监测酮体 产前 1 周，隔 2～3 日测尿 pH、尿酮体 1 次；产后 1 天，测尿 pH 或乳酮体含量，隔 2～3 日 1 次，直到产后 30～35 天。凡监测尿 pH 呈酸性、酮体阳性反应者，立即采取葡萄糖、碳酸氢钠及其他相应措施治疗。

3. 加强临产牛监护 对高产、年老、体弱及食欲不振牛，经临床检查未发现异常者，产前 1 周可用糖钙疗法防控（25% 葡萄糖液、20% 葡萄糖酸钙液各 500 ml，一次静脉注射，每天 1 次，连注 2～4 天）。

4. 注意奶牛高产时的护理 高产牛在泌乳高峰时，日粮中可添加碳酸氢钠 1.5%（按总干物质计），与精料混给合直接饲喂。

四、常见病的防治技术

（一）传染病

1. 口蹄疫 口蹄疫是由口蹄疫病毒引起的人畜共患的一种急性高度接触性传染病。本病的特征是口腔黏膜、舌部和蹄部及乳房皮肤发生水泡和烂斑。

［症状］发病初期，病牛的体温升高到 40～41 ℃，食欲降低，精神萎顿，流涎，呈丝状垂于口角两旁。在舌部、齿龈处发生水泡，有花生米大，有很多小泡集合成大的水泡，水泡内充满明亮或微混的液体，逐步破裂，形成溃疡面。

乳房皮肤及乳头发生水泡较多,破溃后形成大的烂斑,乳房发炎,产奶量下降。

蹄部水泡多发生于蹄冠和蹄叉部皮肤,形成水泡后破裂较快,被泥土、粪便等污染后,水泡部化脓、发炎,走路跛行,卧地不起。严重者,造成蹄壳脱落。

犊牛发病时,多因病毒侵害心肌,因心肌麻痹而突然死亡。

[防制措施]

(1) 流行时的防制措施　①发生疫情时,应立即上报当地畜牧兽医行政管理部门,划定疫点疫区,严格封锁,就地扑杀病畜、阳性畜及同群畜,并进行销毁,严防蔓延;②对疫点周围和疫点内未感染的奶牛、羊、猪,立即紧急接种口蹄疫疫苗,接种时要做到由外向内;③污染的或可疑污染的牛舍、饲槽、用具、粪便和进出道路要彻底清扫并用消毒液进行彻底消毒。最后一头病牛处理 14 天后,无新的发病,再经彻底消毒,报请有关部门批准后解除封锁。

(2) 平时的预防措施　坚持常年接种口蹄疫疫苗,按照口蹄疫的免疫程序,参照疫苗使用说明书,开展预防工作。

2. 结核病　结核病是一种由结核杆菌引起的人畜共患的慢性消耗性传染病,可通过患病牛奶传染给人。特点是在一些组织器官中形成结核结节,继而结节中心干酪样坏死或钙化。

[症状] 根据侵害部位的不同,可分为以下三型:

(1) 肺结核　以长期干咳为特点,以清晨最明显。食欲正常,但逐渐消瘦。病程严重者,表现呼吸困难,伸颈仰头,呼吸声似"拉风箱"声,体表淋巴结肿大。

(2) 肠结核　主要表现是前胃弛缓,持续性下痢,粪便呈稀粥状,带血或脓汁,味腥臭。营养不良,渐行性消瘦,肋骨外露。

(3) 乳房结核　一般先是乳房上淋巴结肿大,乳房内有很多大小不一的结节,质地坚硬,硬结无热、无痛,表面高低不平。

产奶量下降，奶汁变稀，呈灰白色，严重时乳腺萎缩，产奶停止。

[防制措施] 牛结核病流行面广，无菌苗可供接种，防制本病主要依靠检疫隔离和卫生消毒。每年对奶牛在春秋两季用结核菌素变态反应各检疫一次，定期进行消毒，判为阳性牛或3次可疑牛应坚决地进行淘汰。对新购买的奶牛，要先隔离进行结核菌素变态反应检查，判定阴性者方可饲养。结核病人不得饲养、管理奶牛。

3. 布鲁氏菌病　布鲁氏菌病是由布鲁氏菌引起的一种人畜共患的慢性传染病。主要侵害生殖系统，以母牛发生流产和不孕，公牛发生睾丸炎和不育为特点，人感染后表现为关节痛、睾丸肿大、流产等症状。

[症状] 怀孕母牛的主要表现是流产，一般发生于怀孕后期。流产前数日，一般有分娩预兆。流产后还会出现胎衣不下或子宫内膜炎等症状，致使母牛屡配不孕。

[防制措施]

（1）定期检疫　对奶牛每年要做两次平板凝集反应检查，阳性牛要做补体结合反应确诊。

（2）预防注射　病牛、阳性牛和疑似阳性的牛要坚决进行淘汰处理，在检疫的基础上每年都要进行布鲁氏菌苗定期预防注射，我国常用的有布鲁氏菌5号菌苗、布鲁氏菌2号菌苗，具体使用方法按说明书规定。接种过菌苗的奶牛，不再进行检疫。只对新生牛犊和新引进的牛进行检疫。

（3）消毒　对流产胎儿、胎衣、羊水和阴道分泌物应深埋，被污染的场所及用具用3%～5%的来苏儿消毒。同时，要确实做好个人防护，如戴好手套、口罩，工作服要经常消毒等。

4. 炭疽　炭疽是人畜共患传染病，病原体是炭疽芽孢杆菌，能在体外形成芽孢。在未形成芽孢前，炭疽杆菌的抵抗力不强，一般浓度的消毒药都能在短时间内将其杀死，但形成芽孢后，具有很强的抵抗力，可在土壤中存活数十年。临床上常用 20%漂白粉、0.1%碘溶液、0.5%过氧乙酸作为消毒剂。

[症状] 根据临床症状和病程可分为以下几型：

(1) 最急性型　发病急、无典型症状而突然死亡，从口鼻等天然孔处流出煤焦油样血液。

(2) 急性型　体温升高到 41～42 ℃，心跳加快，不反刍，无食欲，伴发瘤胃臌气，泌乳停止。患病牛兴奋不安，惊恐鸣叫，横冲直撞，口、鼻流血，逐步转为精神沉郁、呼吸困难、步态不稳。有的病牛腹泻、粪便带血。后期体温下降，痉挛而死亡。整个病程 1～2 天。

(3) 亚急性型　在舌及口腔黏膜处发生硬的结节，舌肿大呈暗红色，唾液中带血。颈部、胸部及外阴部水肿，有热痛，称为炭疽痈。直肠黏膜发生炭疽时，肛门浮肿，黏膜外翻，排粪困难，粪暗紫色并带血。

[诊断] 因在临床上无特殊症状，因此不易确诊，必须结合症状进行血液细菌学检查。对怀疑炭疽的病例严禁进行尸体剖检，防止尸体内的炭疽杆菌接触到空气形成芽孢，污染周围的环境，而形成永久性疫源地。可从耳尖采血涂片用瑞氏或姬姆萨染色进行显微镜检查，发现有典型带荚膜的炭疽杆菌就能确诊。也可取疑为炭疽病的组织如皮张等数克作环状沉淀反应进行确诊。

[防制措施]

(1) 预防　对奶牛每年用炭疽芽孢菌苗作一次预防注射，一般在冬、春季进行。

(2) 控制　发生炭疽时，应封锁、隔离、消毒，查出传染源并彻底进行无害化处理。同群健畜立即用免疫血清进行预防注射，若无血清要尽早接种芽胞菌苗，周围受威胁的家畜也要进行接种。尸体不得剖杀利用，应火烧或消毒后深埋。粪便、垫草等就近焚烧，用具、场地用 20％漂白粉或 0.1％碘溶液彻底消毒。

5. 牛流行热　牛流行热是一种由病毒引起的急性传染病，多发于 7～10 月份，一旦发病，传播迅速，往往引起全群发病，造成产奶量严重下降。

[症状] 体温高达 41～42 ℃，精神沉郁，流泪，呼吸加快。食欲废绝，反刍停止，多量流涎，粪干或下痢。四肢关节肿痛，呆立不动，或跛行，或卧地不起，产奶量迅速下降或停止，痊愈后产奶量恢复速度较慢。

[防制措施] 治疗牛流行热无特异疗法，为防止继发感染，只能采取对症治疗。

(1) 对高热时的病牛，可用 5％葡萄糖生理盐水 1 000～1 500ml、10％磺胺嘧啶液 100 ml 进行静脉注射，每日 2～3 次；同时，肌注 30％安乃近溶液 20～30 ml。对重症病牛，同时给予大剂量的抗生素，防止继发感染，并增加强心、解毒药物。对卧地不起、瘫痪的可用 5％葡萄糖生理盐水 1 000 ml、25％葡萄糖液 500 ml、10％安钠咖 20 ml、40％乌洛托品 50 ml、10％水杨酸钠 200 ml 进行静脉注射，每日 2 次，连用 3～5 天，同时增加 20％葡萄糖酸钙 500～1 000 ml。

(2) 加强饲养管理，增加奶牛抵抗力，对卧地不起者，要人工翻动，防止发生褥疮。

(3) 预防可用牛流行热疫苗进行预防接种。

6. 牛肺疫　牛肺疫又称为牛传染性胸膜肺炎，是由支原体丝状霉形体引起的一种传染病，以发生纤维素性肺炎和胸膜肺炎为临床表现。

[症状] 病牛高热，达 40～42 ℃，不愿活动，呻吟，头颈直伸，鼻孔扩大，呼吸困难，呈腹式呼吸，强迫运动或叩打胸部，咳嗽增多并具痛苦状；鼻液呈浆性或脓性，胸部叩诊有实音区，听诊肺泡音减弱或消失，出现啰音和支气管呼吸音及胸摩擦音。

后期，心音衰弱，胸前腹下水肿，消化障碍，迅速消瘦，常因窒息而死亡。

[防制措施]

（1）治疗　新砷凡纳明（914）按 1 g/100 kg 体重的量，用灭菌水配成 10% 溶液，进行静脉注射，隔 1 周后，可再重复一次。或用抗生素肌注，每日 2 次。

病牛既便治愈仍然长期带菌，成为危险的传染源，因此，从长远的经济利益考虑，扑杀病牛比治疗病牛更加经济合算。奶牛场应当每年进行牛肺疫的检疫，扑杀淘汰阳性牛，逐步净化。

（2）预防　每年定期注射牛肺疫弱毒疫苗。

7. 牛的黏膜病　牛的黏膜病是由腹泻 1 黏膜病毒引起的牛的一种传染病。

[症状] 牛病毒性腹泻 1 黏膜病是由同一病毒引起的两种不同临床表现的类型。病毒性腹泻传染性高，症状和病变较轻，死亡率低；黏膜病虽自然感染发病率低，但症状明显，病变严重，死亡率较高，故根据症状不同将其分为：

（1）黏膜病型　主要侵害犊牛和青年牛，发病突然，病牛体温升高到 41～42 ℃，无食欲，反刍停止，精神沉郁，鼻中流浆液，病牛大量流涎，结膜炎，咳嗽，白细胞减少。病后 2～3 天，鼻镜、舌、齿龈、腭、口腔黏膜充血并有溃疡；腹泻，粪便黄色水样，恶臭，多因脱水死亡。

（2）腹泻型　以腹泻为主，病牛发热，食欲减退或废绝，腹泻初呈水样，后内含血液和黏液，并常见排出成片的肠黏膜。病程有的长达月余之久，间歇发生，消瘦，有的因有蹄叶炎而出现跛行，产奶量下降甚至停止，孕牛发生流产。

（3）胎儿感染型　怀孕母牛感染后，发生流产、死胎、木乃伊或胎儿发生小脑发育不全、眼睛失明等先天性缺陷。

[防制措施] 无特效药物。首先应加强对病畜的护理，改善

饲养管理，增强抵抗力可减轻症状，促进恢复。

对病畜采取对症治疗。腹泻、脱水是引起死亡的主要原因，因此自发病开始就应补充糖和等渗电解质溶液，防止脱水。为防止继发感染，可使用抗生素。

（二）寄生虫病

1. 牛泰勒焦虫病

〔病因〕是寄生于红细胞内的环形泰勒虫引起，多发生于6～8月份，在蜱活动最为流行的季节流行。

〔症状〕呈急性型，初期体温升高到 40～41.8 ℃，呈稽留热，体表淋巴结肿大，疼痛，心跳达 100 次，呼吸急促，精神沉郁。后期，淋巴结显著肿大，腹泻，食欲废绝，反刍停止，结膜苍白、黄染，尿呈淡黄色或深黄色，粪便中带血，血液变稀。严重的病例，在眼睑及尾部皮肤较薄的部位出现栗粒至扁豆大的深红色出血斑点，病牛卧地不起，消瘦，逐步衰竭死亡，以临产的奶牛多发。

〔诊断〕根据临床症状，采血涂片进行实验室检查，用姬姆萨液染色，若在红细胞内发现环形泰勒虫即可确诊。

〔防制措施〕

（1）治疗

咪唑苯脲：按每千克体重 1～2 mg 配成 10％的溶液进行肌肉注射，间隔 3～6 h 后再注射一次。

贝尼尔：按每千克体重 7 mg 配成 10％的溶液，一次深部肌肉注射。

磷酸伯氨喹：化学名为 N4-(6-甲氧基-8-喹啉基)-1-戊二胺二磷酸盐，按每千克体重 3 mg，1 次内服，每天 1 次，连服 3 天。

搞好对症治疗，防止感染。

黄色素对牛泰勒焦虫病治疗效果不好。

（2）预防　根据蜱的活动季节，对牛舍、牛运动场等用

0.05%蝇毒磷水溶液或1%～2%敌百虫溶液进行灭蜱，来阻断传染环节。

2. 肝片吸虫病 肝片吸虫病是由片形属的肝片吸虫寄生于肝脏、胆管中所引起的寄生虫病。多发生于低洼地、草滩及沼泽地带放牧的奶牛，以夏季为主要感染季节。

[症状] 由于机体内感染虫体数量及牛的年龄和饲养管理水平的不同，表现出不同的症状。犊牛症状较重，甚至发生死亡。成年牛多呈慢性经过，表现为消瘦、贫血，体质衰弱和产奶量下降，严重地食欲不振，前胃弛缓，出现腹泻。剖检可在病死牛的肝胆管中发现肝片形吸虫。对粪便使用反复水洗沉淀法进行检查，可查到大型的黄褐色虫卵。

[防制措施]

（1）治疗

硝氯酚：为治疗肝片形吸虫的特效药之一，每千克体重用药3～5 mg，拌入饲料中内服，针剂可按每千克体重0.5～1 mg进行深部肌肉注射。

肝蛭净：瑞士产，按每千克体重12 mg进行内服。

（2）安全放牧 避免在低洼潮湿的牧地放牧和饮水，以减少感染机会。

3. 疥癣 疥癣是由疥癣虫（螨）引起的湿疹性皮炎，脱毛，剧痒形成结痂为特征的慢性寄生虫病，以犊牛最为易感。

[防制措施]

（1）治疗 局部治疗的药物有2%～5%的硫磺石灰、1%碘酊、0.5%次氯酸钠。

将上述药物分别用做喷雾或浸泡清洗，每天1次，连用5天，若需要隔1周再进行一次。

全身治疗采用灰黄霉素6.0～7.5 mg/kg体重口服7天以上。

（2）注意事项 治疗前，要对患部及其周围一定要剪毛除垢去痂。治疗用过的器械、用具，要彻底消毒。

（三）普通病

1. 瘤胃臌气 又称瘤胃膨胀，是由于瘤胃内容物异常发酵，产生大量气体不能以嗳气排出，致使瘤胃体积增大。多因饲喂豆科植物、幼嫩青草和谷物类饲料过多而发生。

[症状] 表现为采食后不久，病畜弓背呆立，初期频频地嗳气，以后嗳气完全停止。不安，回头顾腹，后肢踢腹，腹围迅速增大，左肷部突出，叩诊有鼓音。病初不断努责，排少量稀软的粪，后期停止排粪，食欲废绝。臌气严重的，发生呼吸困难，黏膜发绀。

[治疗]

（1）排气减压 实施瘤胃穿刺术，缓慢放出气体。

（2）止酵缓泻 用 10％鱼石脂酒精 100～150 ml，松节油 20～30 ml，青霉素 400 万～500 万国际单位，一起灌入胃内。

（3）对症治疗 将一木棍衔于病牛口内，促使呕吐或嗳气，静脉注射 25％葡萄糖 500 ml、20％葡萄糖酸钙液 500 ml、5％碳酸氢钠液 500 ml、安钠咖 20 ml，用来恢复瘤胃功能。

2. 前胃弛缓 前胃弛缓是指瘤胃兴奋性降低和收缩力减弱的机能障碍疾病，多因饲养管理不当如饲料单一、质量低劣、环境突然改变等引起。

[症状] 发病后采食减少，不吃精料，反刍缓慢，次数减少，瘤胃蠕动减弱，次数降低，有压痛感。产奶量下降，呼吸、心跳和体温均正常。

[治疗] 恢复、加强瘤胃的功能，调整瘤胃 pH，防止机体酸中毒。

（1）加强瘤胃的收缩 可一次静脉注射 10％氯化钠 500 ml、10％安钠咖 20 ml；对于临产前后的牛和高产牛，可一次静脉注射 5％葡萄糖生理盐水 500 ml、25％葡萄糖 500 ml、20％葡萄糖酸钙 500 ml。

（2）调整瘤胃 pH　可内服人工盐 300 g，碳酸氢钠 80 g。

（3）防止酸中毒　可静脉注射 5％葡萄糖生理盐水 1 000 ml，25％葡萄糖 500 ml，5％碳酸氢钠 500 ml。

3. 瘤胃积食　瘤胃积食是指瘤胃内充盈过量的食物，致使瘤胃壁扩张，蠕动停滞，瘤胃容积增大，从而导致瘤胃运动机能及消化功能紊乱的疾病，为奶牛常发病。多因采食过量的精料，或日粮中增加过多的啤酒糟、粉渣等辅料，以及食入大量的塑料薄膜、似皮条样半干的地瓜秧。

［症状］食欲废绝，反刍停止，鼻镜干燥。精神沉郁，弓腰，不愿运步，强迫行走，发出呻吟。出现腹痛症状的，表现不安，踢腹，喜卧。

肚腹增大，以左侧肷部明显，触诊胃内容物增多、坚实。直肠检查可摸到瘤胃的一部分进入骨盆腔。排粪次数增多，粪呈灰白色，粥样，恶臭。

［治疗］

（1）加强瘤胃的排空机能，增强瘤胃收缩力。用 10％氯化钠溶液 500 ml、20％安钠咖 10 ml，一次静脉注射，一日 2 次。将硫酸镁 500 ml、液体石腊 1 000 ml、鱼石脂 30 ml 混合后灌服。

（2）防止机体发生酸中毒，脱水严重时，采用葡萄糖生理盐水 1 000 ml、25％葡萄糖 500 ml、5％碳酸氢钠 500 ml、20％安钠咖 10 ml 进行静脉注射。

（3）尽快手术切开瘤骨，掏出过多的胃内容物。

4. 创伤性网胃炎　饲草饲料中混入金属异物如铁丝头、铁钉等，被牛采食，因采食粗，随草料进入网胃中，刺伤网胃壁引起网胃炎。

［症状］单纯性网胃炎，全身反应不明显，表现食欲减少至废绝，精神萎顿，反刍停止，产奶量突然下降，严重者泌乳停止。瘤胃蠕动减弱，排粪时不敢努责。被毛无光，弓背，喜站立不愿行动，上坡容易下坡难，触诊网胃时，患牛敏感、躲避。病

程长者，食欲时好时坏，吃草不吃料或吃料不吃草，发生前胃弛缓，消瘦，产奶量持续下降。

刺伤网胃的异物尖锐者，可由于网胃的收缩穿透网胃壁刺到心包引起心包炎，出现全身症状。

[治疗] 使用药物治疗，疗效不明显。往往由于药物治疗而使病程延长，致使异物所处的状态发生改变而加剧病情。故确诊后，应尽早实行手术疗法，切开瘤胃，从瘤网口处取出异物，解除病痛。在平时的饲养中，要加强对饲草饲料的检查，消除各个环节中混入金属异物，在牛活动的场所要及时清除散落的铁丝或铁钉。

5. 醋酮血病　奶牛醋酮血病是指血液中含有较高的酮体而引起奶牛全身功能失调的一种代谢疾病，以消化机能紊乱、产奶量下降、并伴有神经症状为特征。以碳水化合物缺乏所引起的低血糖是该病发生的主要因素，以高产牛、产后1个月的牛、泌乳高峰的牛多发，发病率达15%以上。

[症状] 分消化型和神经型两种。

消化型：食欲降低或废绝，异食，喜喝污水、尿汤，可视黏膜黄染。反刍无力，次数不定，瘤胃弛缓，蠕动微弱，次数减少。粪少干而硬，有的伴有瘤胃膨胀。体温正常或略有下降（37.5℃），心跳达100次以上，心音模糊，第一、二心音不清。重症者，全身出汗，似水洒身。尿量少，色黄并具刺鼻酸味，产奶量下降，轻症者呈持续性下降，重症者突然骤减，高产牛无奶，奶中有酮味。

神经型：突然发生神经症状，不认其槽，于棚内乱转，目光怒视，横冲直撞，站立不安。全身紧张，颈部肌肉强直，兴奋狂暴，在运动场内乱跑，有的牛呈沉郁状态，不愿走动，呆立于槽前，低头耷耳，目光无神，如睡态对外无反应．耳反应迟钝。进行病理学检查，血酮升高10～100 mg/100 ml。

[诊断] 根据日粮配合情况、产奶量高低和临床症状即可确

诊。也可用酮体快速诊断法，试纸呈现淡红色或紫红色，就能判定为阳性。

[治疗]

（1）改变饲料状况，日粮中增加多汁和块根类饲料及优质干草。

（2）补充血糖，提高血糖浓度。用 50％的葡萄糖 500～1 000 ml 进行静脉注射。

（3）提高碱贮，防止发生酸中毒。可用 5％碳酸氢钠 500～1 000 ml 进行静脉注射。

（4）加强肾上腺素的机能。可用可的松 1.5 g，或用促肾上腺皮质激素 1.0 g，肌肉注射，每天 1 次，连用 3～5 天。

（5）增强前胃机能，促进食欲。可用人工盐 250～300 g，加水灌服，或肌肉注射 V_B 120 ml。

（6）正常饲养中，干奶期要控制精料的喂量，高产牛日粮中精粗比例最大限度不能超过 60∶40。

6. 产后瘫痪　产后瘫痪多发生于产后 3 天内的奶牛，是一种严重钙代谢障碍性疾病。发生瘫痪的原因：①第一次挤奶就将奶完全挤干，造成血钙急剧降低；②母牛在干奶期日粮中钙含量过高；③日粮中磷不足及钙磷比例不当，强调钙的供应而忽略了磷的供给；④维生素 D 不足或合成障碍。

[症状]

前驱症状：呈现出短暂的不安，敏感性增高，四肢肌肉震颤，食欲废绝，站立不动，摇头、伸舌和磨牙，行走时步态跟跄，共济失调，易于摔倒；被迫倒地后，极力想站起。

瘫痪卧地：几经挣扎后，便卧地不起，或起立困难。伏卧的牛，四肢缩于腹下，颈部常弯向外侧，呈"S"状；躺卧的牛，四肢直伸，侧卧于地。鼻镜干燥，耳、鼻、皮肤和四肢发凉，敏感性降低。体温偏低（37.5～37.8 ℃），心跳达 90～100 次/min，瘤胃蠕动停止，粪便干，出现便秘。

昏迷状态：精神高度沉郁，心音极度微弱，心跳达 120 次/min，全身软弱不动，呈昏睡状，颈静脉凹陷，多伴有瘤胃臌气。

［诊断］诊断要点：①产犊后 1～3 日内发生瘫痪；②体温在 38 ℃以下，心跳达 100 次/min；③母性不强，精神不安，沉郁，两后肢不停捣地，卧地后站立困难；或卧地后知觉消失、昏睡。

［治疗］当母牛出现瘫痪症状后，要尽早治疗，往往由于治疗不及时，常引起局部肌肉缺血性坏死及躺卧不起综合征的发生，使治疗困难。

（1）钙剂疗法　常用 20％葡萄糖酸钙液 500～800 ml、5％氯化钙溶液 500 ml，进行静脉注射，每天 2 次，可迅速提高血钙浓度，使患牛恢复健康。典型症状者补钙后，出现肌肉震颤，打嗝，鼻镜出现水珠，排粪，全身状况出现改善等。在注射时一定要监听心脏，不可速度过快。

（2）对症疗法　进行强心补液、抗休克等。

7. 乳房浮肿　乳房浮肿是乳房发生的一种浆液性水肿，多发生于产前 2～4 天，在产犊后 1～2 周逐渐消退，临床上以头胎牛、高产牛多见。

［症状］初期，乳房皮肤逐渐充血，乳房极度扩张，内充满奶汁，后期出现水肿，用手指压迫水肿区，压痕持续数分钟不退，乳房皮肤增厚，触诊坚实，有的见乳房皮肤上有数条裂缝，从中渗出清亮的淡黄色液体。

乳房浮肿有时侵害 1 个乳区，有时半侧乳区，也有整个乳区全部浮肿。乳房基部，乳头也可出现水肿。触诊皮肤发凉，无痛感，似捏面粉袋样。乳头变得短粗，挤奶困难，奶量少。精神、食欲正常，全身反应轻微。

轻度浮肿范围只发生在乳房基部前缘和下腹部，严重浮肿可波及胸下、腹下、会阴及四肢，乳房下垂，后肢张开，运步困难。

产犊后 1～2 周浮肿消除者，对乳房影响较小；病程长者，水肿部因结缔组织增生，皮肤增厚，失去弹性，乳房内有硬块并使乳腺萎缩，产奶量下降。

[治疗] 通常不需任何治疗，多数病牛都能在产后逐渐消肿而痊愈。为促使肿胀尽快消退，对病牛应加强饲养管理，如采取减少精料和多汁饲料，限制饮水，增加运动和挤奶次数，多喂优质干草等方法，使其自然恢复。

药物治疗可采取以下办法：

（1）涂布轻刺激剂，促进血液循环。常用 20％的鱼石脂酒精软膏、碘软膏等涂抹乳房患区，每日 1 次，连续多日。

（2）增强心脏功能，降低血管渗透压，减少渗出。可静脉注射 5％的氯化钙溶液 500 ml。

（3）加强利尿，使用利尿药和激素。用三氯甲噻嗪 200 mg、地塞米松 5 mg，一次内服。

8. 乳房炎 乳房炎为乳房实质、间质和实质间质的炎症。临床型乳房炎，乳产量明显下降，炎乳废弃，继而乳区化脓坏疽，失去泌乳能力，其经济损失严重。隐性乳房炎对生产影响：①流行面广，为临床型乳房炎的 15～40 倍；②乳产量降低4％～10％；③牛奶品质下降，乳糖、脂肪、乳钙减少，乳蛋白升高、变性，钠和氯增多；④为临床型乳房炎发生的基础。为此，防治乳房炎的发生，已是当前奶牛场十分重要的一项工作。

[病因]

（1）感染 病原由乳头管口侵入是其发生的主要原因。细菌有无乳链球菌、金黄色葡萄球菌、化脓性棒状杆菌、大肠杆菌、产气杆菌、克雷伯氏杆菌；真菌有酵母样芽状菌、念珠菌属、胞浆菌属等；病毒有口蹄疫病毒等。

（2）中毒 如饲料中毒，胃肠疾病、子宫疾病时毒素的吸收。

（3）饲养管理不当 常见有乳牛场环境卫生差，运动场潮湿泥泞；不严格执行挤乳操作规程，挤奶过度挤压乳头，挤奶机器不配套，洗乳房水更换不及时，突然更换挤乳员，乳房及乳头外伤等。

[症状] 临床型乳房炎外观见乳房、乳汁已发生明显异常。轻者乳汁稀薄，色呈灰白色，有絮状物。乳房疼痛不明显，乳产量、全身变化不大；重者乳区肿胀，皮肤变红，质地硬，疼痛明显，乳量剧减，色呈淡灰色，体温升高，乳上淋巴结肿胀如核桃大；极重者，食欲废绝，体温升高 41 ℃以上，稽留多日，心跳 100 次/min 以上，泌乳停止。乳房坚硬如石，皮肤发紫，龟裂，疼痛，仅从乳房内挤出一两把黄水。

隐性乳房炎：又称亚临床型乳房炎，为无临床症状表现的一种乳房炎。其特征是乳房和乳汁无肉眼可见异常，然而乳汁在理化性质、细菌学上已发生变化。具体表现 pH 7.0 以上，呈偏碱性；乳内有奶块、絮状物、纤维；氯化钠含量在 0.14％以上，体细胞数在 50 万/ml 以上，细菌数和电导值增高等。

[防治]

(1) 加强饲养管理，搞好挤奶卫生 ①保持环境和牛体卫生，运动场要干燥，及时清除粪便，牛体每天刷拭，以减少乳房感染；②严格执行挤奶操作规程，洗乳房要彻底，洗乳房水可用 40～50 ℃温水、0.02％～0.03％氯盐溶液、0.002 5％～0.000 5％碘液和 0.1％高锰酸钾液。手工挤乳应采用拳握式，为防止乳头黏膜损伤，严禁用手指头捋乳头；机械挤乳要维持机器正常功能，勿使真空压力过高，抽乳频率不应过快，不要跑空机。除每天洗涤管道、乳杯外，乳杯内鞘每周消毒 1 次，可在 0.25％苛性钠液中煮沸 15 min，或在 5％苛性钠液中浸泡。

(2) 定期进行隐性乳房炎监测 现常用的诊断方法有加州乳房炎试验（CMT）。操作方法是在诊断盘（深 1.5 cm、直径 5 cm 的乳白色平皿）内加被检乳样 2 ml，再加 CMT 诊断液 2 ml，平置诊断盘并使呈同心圆旋转摇动，使乳汁与诊断液充分混合，经 10～30 s 后，根据表 4 - 3 的标准判定。

表 4-3　CMT 判定标准

反应	乳汁反应	反应物相应细胞数（万/m）
阴性（一）	混合物呈液状，盘底无沉淀	0～20
可逆（±）	混合物呈液状，有微量沉淀，摇动后沉淀物消失	15～50
弱性（+）	有少量黏性沉淀，不呈胶状，摇动时，沉淀物散布盘底，有一定黏附性	47～150
阳性（++）	沉淀物多而黏稠，流动性差，微呈胶状，旋转诊断盘，凝胶物聚中，停转时，呈现凹凸状附于盘底	80～500
强阳（+++）	沉淀物呈凝胶状，几乎完全黏附于盘底，旋转诊断盘，凝胶物呈团块，难散开	350 以上
碱性乳	混合物呈淡紫红色、紫红色，或深紫红色	
酸性乳	混合物呈淡黄色、黄色	

（3）挤奶后乳头药浴　乳头皮肤无汗腺和皮脂腺，容易皲裂，其外口常有微生物污染。挤奶后，乳房内负压升高，乳头管松弛，微生物极易侵入。因此，每次挤奶后 1 min 内，应将乳头在盛有药液的浴杯中浸泡 0.5 min。常用药液有 4％次氯酸钠、0.5％～1％碘伏、0.3％～0.5％洗必泰液、0.2％过氧乙酸。药浴应长期坚持，不能时用时停。挤奶前最好也药浴。

（4）干奶期注射干奶药　奶牛干奶期，由于乳腺细胞变性和对感染抵抗力降低，微生物极易侵入，故应将抗生素如青霉素、氨苄青霉素、先锋霉素等制成乳剂、水剂使用。

（5）及时淘汰慢性或顽固性病牛　为消除传染源，对久治无效病牛要及时屠宰。

（6）尽早治疗临床病牛

消炎、抑菌，防止败血症：①乳房内注入青霉素 80 万 IU、链霉素 1 g、红霉素 300～500 mg，每日两次；②全身注射，可用青霉素 250 万 IU、四环素 250～300 万 IU 等，静脉或肌肉注射。

封闭疗法：①0.25％～0.5％普鲁卡因 200～300 ml，1 次静脉注射，以减少发病乳区的疼痛，加速炎灶的新陈代谢；②乳房基底部封闭。在病区乳房基底部注射 0.25％～0.5％普鲁卡因 150～300 ml。

全身疗法：较重病牛，可用滋补剂和强壮剂。25％～40％葡萄糖液 500 ml，葡萄糖生理盐水 1 000～1 500 ml，维生素 B、维生素 C，静脉注射。对酸中毒病牛可用 5％碳酸氢钠或 40％乌洛托品 50～100 ml，一次静脉注射。

激光疗法：用二氧化碳激光机、氦氖激光机照射交巢穴。

9. 胎衣不下 胎衣不下是指母牛产犊后，在一定时间内，胎衣不能脱落而滞留于子宫内。是一种多发病、常见病。

［症状］在产后超过 12 h 后，胎衣还停留于子宫内，一般患牛无任何表现，仅有一些母牛有举尾、弓腰、不安、轻微努责症状，对奶牛全身影响不大，食欲、精神、体温都正常。若时间长，出现胎衣腐败，引起炎症，则表现体温升高，精神沉郁，食欲下降或废绝。

［治疗］

（1）**药物治疗** ①注射缩宫素，促进子宫收缩，加快胎衣的排出；②向子宫内灌注 10％的浓盐水 1 500～2 000 ml，破坏胎盘的联系，利于胎衣排出；③子宫注入青霉素、链霉素、氯霉素等，防止胎衣腐败，使其液化后自行排出。

（2）**实施胎衣剥离手术** 剥离时间在产后 24～36 h 内，不宜过早或过晚。胎衣易剥离的牛，则用剥离法；不易剥离时，不能强硬剥离。剥离后，再向子宫内灌注青霉素、链霉素等。注意，不要用大量液体冲洗子宫，以免影响子宫复原。

10. 子宫内膜炎 是配种中遇到的最常见的疾病。由于黏膜受损伤的程度不同，可分为卡他脓性子宫内膜炎和坏死性子宫内膜炎。根据分泌物的不同，可分为卡他性、卡他性脓性及脓性子宫内膜炎。

［病因］

（1）助产不当，产道受损伤；产后子宫弛缓，恶露蓄积；胎衣不下，子宫脱、阴道和子宫颈炎等处理不当；治疗不及时，消毒不严而使子宫受细菌感染，引起内膜炎。

（2）配种时不严格执行操作规程，不坚持消毒，如输精器、牛外阴部、人的手臂消毒不彻底，输精时器械的刺伤；输精次数过于频繁等，都能引起子宫内膜炎。

（3）继发性感染，如布鲁氏菌病、结核病等。

［症状］

（1）卡他性脓性子宫内膜炎　患牛全身反应不明显，阴道分泌物随病程而异，初呈灰褐色，后变为灰白色，由稀变浓，量由多变少，有腐臭味；卧地后，常见从阴道内流出，在尾根部形成结痂。有的牛表现弓背、举尾、努责、尿频等症状。

阴道检查时，可见阴道黏膜、子宫颈膜充血、潮红，子宫颈口开张约1～2指，阴道内有不定量的分泌物。

（2）坏死性子宫内膜炎　由于细菌的分解作用，黏膜腐败坏死，全身症状加剧，如患牛精神沉郁，体温升高，食欲废绝，产奶停止，从阴道内排出褐色、灰褐色、含坏死组织块的分泌物。直肠检查时，可摸到子宫壁和子宫角增厚，手压病牛有疼痛感。

（3）慢性卡他性子宫内膜炎　患牛的性周期、发情及排卵均正常，但屡配不孕，或配种受孕后流产。阴道内集有少量的混浊黏液，或于发情时从子宫内流出混有脓丝的黏液。直肠检查，子宫角稍变粗，子宫壁增厚，弹性减弱，收缩反应差或消失。

（4）慢性卡他性脓性子宫内膜炎　子宫壁肥厚不均，性周期不规律，故发情不规律或不发情。阴道分泌物稀薄，发情时增多，呈脓性。子宫角粗大、肥厚、坚硬，收缩反应微弱。卵巢上有持久黄体。

［治疗］

（1）子宫内药物注入法　①用土霉素粉 2 g 或金霉素 1 g，或青霉素 100 万 IU，溶于 250 ml 蒸馏水中，一次注入子宫，隔天一次，直到分泌物清亮为止；②宫康宁，呋喃唑酮类的黄色混悬剂，20 ml 一次注入子宫，对慢性的，可 5～7 天再注射一次。

（2）激素疗法　前列腺素，如氯前列烯醇 500 IU，肌肉注射，对于促进子宫内脓性分泌物的排出，提高受胎率有很好的效果。

（3）全身治疗　根据全身状况，可补糖、补盐、补碱，并使用抗生素等。

11. 排卵延迟　排卵延迟是由于分泌促黄体生成素不够，激素的作用不平衡所致。

［症状］排卵延迟时，卵泡发育和外表征候与正常发育一样，但成熟卵泡推迟拖后排，对其按正常时间输精，卵子则不能受孕，临床上母牛往往发情强烈，发情时间长，直肠检查时，卵泡大到 1.5～2 cm。

［治疗］

（1）排卵延迟的母牛及时注射促黄体素 200～300 IU，或黄体酮 50～100 mg，促使其排卵。

（2）适当延后输精，延后时间在 8～12 h 左右。

12. 卵泡囊肿　卵泡囊肿一般是促卵泡素分泌过量而促黄体素又分泌不足所致。

［症状］母牛发情反常，发情周期短，发情期延长，性欲旺盛，特别慕雄狂的母牛经常追逐或爬跨其他牛只，引起运动场上其他牛乱跑而不得安宁。阴户经常流出黏液。多数牛体膘过肥，毛质粗硬，产奶量逐渐下降，食欲逐渐减少。直肠检查，触摸卵泡时感到比一般卵泡体积大，约在 2～3 cm 之间，较软，有波动而缺乏弹性。

〔治疗〕绒毛膜促性腺激素静脉注射 1 000 IU 或肌肉注射 2 000 IU，同时黄体酮肌注 10 mg 一次，连用 14 天。从外表上看，症状如减轻或有效果，可继续用药，直至好转为止。

促黄体生成素一次肌注 200 IU，用后观察 1 周，如不明显可再用一次。

促性腺释放激素肌肉注射 0.5~1 mg。治疗后产生效果的母牛大多数在 13~23 天内发情。基本上起到调整母牛发情周期的效果。

如应用上述激素效果不好时，可注射地塞米松 10~20 mg。

13. 卵巢黄体囊肿　黄体囊肿是由于未排卵的卵泡壁上皮黄体化形成的，或者是正常排卵后，由于某些原因，如黄体化不足，在黄体内形成空腔。如腔内聚积液体而形成囊肿的称为囊肿黄体。

〔症状〕不发情，直肠检查可以发现卵巢体积增大，多为 1 个囊肿，壁较厚而软。

〔治疗〕肌肉注射黄体酮数次，每次 150~200 mg，促使其消退。

14. 持久黄体　性周期后，卵巢上黄体超过 20~30 天不消退者，称为持久黄体。

〔症状〕直肠检查时，卵巢上存在黄体，体积一般在 2~2.5 cm，质地与周期黄体基本相同，因分泌孕酮，抑制了垂体促性腺激素的分泌，卵巢上无新的卵泡发育。临床上表现母牛长期不发情，营养状况、毛色、泌乳等都无明显异常。

〔治疗〕最好的办法是注射前列腺素，在一般情况下，注射 36 h 后，黄体变软、变小，在注后的 72~96 h 就能发情配种。

15. 卵巢静止　卵巢静止就是卵巢上既无卵泡又无黄体存在。直肠检查，卵巢表面光滑，无卵泡，无黄体。母牛血液中性激素的含量和促性腺激素的含量都很低，造成母牛不发情而影响配种。

［治疗］

（1）孕马血清或促卵泡素进行肌肉注射，可促使母牛发情，但易造成多卵泡发育，多卵受胎，在发育过程中出现流产。

（2）三合激素进行肌注，能促使母牛发情，由于卵泡未发育配种时不会受孕。

（3）卵巢静止的母牛，都是营养不良造成，应加强饲养管理，增强母牛体质，尽快使其自然发情。

16. 腐蹄病　奶牛腐蹄病是指蹄的真皮和角质层组织发生化脓性病理过程的一种疾病，其特征是真皮坏死与化脓，角质溶解，病牛疼痛，跛行。多由于日粮中钙磷供应不足，钙磷比例不当，运动场、牛舍泥泞潮湿，不修蹄，伴有坏死杆菌、化脓性棒状杆菌感染引起。

［症状］

（1）*蹄趾间腐烂*　蹄趾皮肤充血，发红肿胀，糜烂。有的蹄趾间腐肉增生，呈暗红色，突于蹄趾间沟内，质度坚硬，极易出血，蹄冠部肿胀，呈红色。

病牛跛行，以蹄尖着地，站立时，患肢负重不实。多发于成年牛。

（2）*腐蹄*　腐蹄为奶牛蹄的真皮、角质部都发生腐败性化脓，四蹄皆可发病，以后蹄多见。病牛站立时，患蹄球关节以下屈曲，频频换蹄，打地或踢腹。前肢患病时，患肢向前伸出。

蹄出现变形，蹄的底部磨灭不正，角质部呈黑色。如外部角质尚未变化，修蹄后见有污灰色或污黑色腐臭脓汁流出。有的牛由于角质溶解，蹄真皮过度增生，而肉芽突出于蹄底之外，大小由黄豆到蚕豆大，呈暗褐色。

炎症蔓延到蹄冠、球关节时，关节肿胀，皮肤增厚，失去弹性，疼痛明显，步行呈"三脚跳"。化脓后，关节处破溃，流出乳酪样脓汁，病牛全身症状加剧，体温升高，食欲减退，产奶量下降，常卧地不起，消瘦。

[治疗]

（1）蹄趾间腐烂　以 10％～30％硫酸铜溶液，或 1％来苏儿溶液洗净患蹄，然后涂擦 10％碘酊，再涂鱼石脂于蹄趾间部，装蹄绷带。如蹄趾间有增生物，可作外科手术除去，或以硫酸铜粉、高锰酸钾粉撒于增生物上，装蹄绷带，隔 2～3 天换药一次，常于 2～3 次治疗后痊愈，也可用烧烙法将增生肉烙去。

（2）腐蹄　先将患蹄修理平整，找出角质部腐烂的黑斑，用小刀由腐烂的角质部向内深挖，直到挖出黑色腐臭脓汁流出为止，然后用 10％硫酸铜冲洗患蹄，内涂 10％碘酊，填入松馏油棉球，或放入高锰酸钾粉、硫酸铜粉，最后装蹄绷带。

如伴有冠关节炎、球关节炎，局部可用 10％鱼石脂酒精绷带包裹，注射用抗生素、磺胺等药物，如青霉素 600 万 IU，肌肉注射，每天 2 次；或 10％磺胺嘧啶钠 200 ml，静脉注射，每天 1 次，连用 7 天。

如患牛食欲减退，为促进炎症消退，可静脉注射葡萄糖 1 000 ml、5％碳酸氢钠 500 ml 或 50％乌洛托品 40 ml。

17. 蹄叶炎　奶牛蹄叶炎多因采食高能量的饲料，引起轻度瘤胃酸中毒，乳酸内毒素及其他血管活性物质通过瘤胃吸收到蹄部而引起。

[症状] 急性蹄叶炎时两前肢或后肢跛行明显，前肢常向前伸出以免蹄尖负重，后肢前伸踏于腹下，病牛不愿站起或行走，采食和饮水时，有的牛拒绝站立而以腕部着地。运步时，患蹄轻轻落地，蹄踵比蹄尖先落地，步态僵硬，病牛弓背。病蹄比正常蹄温度高，检查蹄部敏感。

慢性蹄叶炎导致蹄过长及蹄角度变小，产奶量下降，消瘦，躺卧时间长。

[治疗]

（1）改变日粮结构，减少精料，增加优质干草。

（2）为缓解疼痛，可用 1％普鲁卡因液 20～30 ml 进行指

（趾）神经封闭，也可用乙酰普吗嗪肌注。

（3）对蹄部进行温浴，以促进渗出物吸收。

（4）对症治疗，用5％碳酸氢钠500～1 000 ml、10％葡萄糖溶液500～1 000 ml静脉注射，或用10％水杨酸钠液100 ml、20％葡萄糖酸钙500 ml进行静脉注射。

（5）慢性病例主要保护蹄底角质，修整蹄形。

五、犊牛病的防治技术

（一）犊牛大肠杆菌病

犊牛大肠杆菌病又称犊牛白痢，是由大肠杆菌引起的犊牛的一种急性传染病，发病较急，主要特征是腹泻和虚脱。多发生于生后1～3日龄的犊牛。

［症状］

败血型：主要发生于生后3天内的犊牛，大肠杆菌从消化道侵入血液，引起败血症，病程短，发病急。无腹泻症状的，粪便呈柠檬色，腹部膨胀；有腹泻症状的牛，其粪呈淡黄色、水样、有腥臭味，眼窝下陷，耳鼻、四肢发凉，眼睑闭合。体温升高到41～41.5℃，呼吸微弱，心跳加快。听腹部有水音，当排出含有气泡的淡黄色水便后，膨胀消除，病程发展快，多于1天内死亡。

肠型：体温升高到40℃，无食欲，下痢，粪便粥样，呈白色，内含未消化的凝乳块，有酸臭味，污染整个肛门周围。

［治疗］

（1）治疗犊牛白痢的原则是补充体液，消炎解毒，防止败血症。因本病发展很快，病程短，常因虚脱而中毒死亡。因此，治疗要早，要及时补充等渗盐和电解质，常用的有5％葡萄糖生理盐水、复方氯化钠溶液。药液应加温，使之与体温保持一致，其用量为1 000～1 500 ml。同时加入5％的碳酸氢钠100 ml，效果更好，注意注射速度要慢。

（2）使用抗生素，静脉注射四环素 50 万～70 万 IU。

（3）对病情缓解、已有食欲、拉稀的犊牛，可配合以下疗法：①每千克体重肌肉注射新霉素 0.05 g，每天 2～3 次；②调节胃的机能，可用乳酸 2 g、鱼石脂 20 g，加水 90 ml 配成鱼石脂乳酸液，每次灌服 5 ml，每天 2 次。

［预防］

（1）加强母牛的饲养管理，以增强胎儿的抵抗力。干奶期母牛要严格控制精料用量，注意营养水平不能过高，增加干草喂量。

（2）加强对出生犊牛的护理，整个接生环节及牛舍均应严格消毒。犊牛吃初乳前，可口服金霉素粉 0.5 g，每天 2 次，连服 3 天。

（3）搞好饮奶卫生，消除病原菌污染。喂奶的食槽、奶桶、奶嘴要消毒干净，用后及时洗刷、消毒。牛床、牛栏、运动场应清洁，定期用 2% 火碱水冲刷。勤换褥草。保持牛舍清洁、干燥、通风。

（二）犊牛的消化不良

是由饮食引起的一种腹泻，多由饲喂犊牛时，饲养员不固定，奶量饲喂过多，奶温不定，饲喂奶变酸等引起的，是一种常发病。

［症状］精神沉郁，食欲减少，低头奋耳，被毛粗乱，夹尾，喜卧而不愿走动，后躯被粪汤污染，常见肛门周围有粪痂，腥臭。发生腹泻时，排出粪便时呈现不同的颜色。

（1）粪便灰白色，水样，其中混有未消化的凝乳块、腥臭。见于 10～20 天内的犊牛。

（2）粪呈黄绿色，多见 10 天以内的犊牛，与继发大肠杆菌有关。

（3）粪呈暗红色，血汤样，多见于1个月的犊牛。

（4）粪呈白色，干固，与喂牛奶量多有关。

［治疗］

（1）减少奶量或不喂，可减少 1/2～1/3，以温开水替代；不喂牛奶则以口服补液盐代替，当腹泻减轻再逐渐喂正常奶量。

（2）对腹泻无食欲者，用乳酶生 1 g、磺胺脒 4 g、酵母片 3 g，一次喂服，每天 3 次，连服 3 天。

（3）对腹泻带血者，首先清理胃肠道，用液体石腊油 150～200 ml，一次灌服。第二天用磺胺脒和苏打粉各 4 g，一次喂服，每天 3 次，连服 2～3 天。

（4）对腹泻并伴有胃肠臌胀者，应消除臌胀，可用磺胺脒 5 g、苏打粉 5 g、氧化镁 2 g，一次喂服。

（5）对腹泻招致脱水者，应尽快补充等渗电解质溶液，增加血容量。用 5％葡萄糖生理盐水 1 500～2 500 ml、20％葡萄糖 250～500 ml、碳酸氢钠 250～300 ml，一次静脉注射，一日 2 次。

（6）对腹泻伴有体温升高者，除内服健胃、消炎药外，可全身用药，肌注青霉素 160 万 IU、链霉素 100 万 IU，每天 2 次，连注 2～3 天。

（三）脐带炎

脐带炎是由于细菌感染而引起脐带断端化脓性坏疽性炎症，为犊牛常发疾病。

正常情况下，犊牛脐带在产后 7～14 天干枯、坏死、脱落，脐孔由结缔组织形成瘢痕和上皮封闭。牛的脐血管与脐孔周围组织联系不紧，当脐带断后，血管极易回缩而被羊膜包住，而脐带断端为细菌微生物发育的良好环境，常引起脐带感染、发炎。

因助产时脐带处理不当或消毒不严、饲养管理差、卫生条件低劣等引起发病。

[症状] 脐带炎症初期不被注意，仅见犊牛消化不良、下痢，随病程的延长，精神沉郁，体温升高到 40～41 ℃，质地坚硬，患畜出现疼痛反应。脐带断端湿润、污红色，用手挤压可流出脓汁，有恶臭味，有的因断端封闭而挤不出脓汁，但见脐周围形成脓肿。

[治疗] 消除炎症，防止炎症的蔓延和机体中毒。

局部治疗：病初期可用 1%～2% 高锰酸钾溶液清洗脐部，并用 10% 碘酊涂擦。患部周围肿胀，可用青霉素 80 万 IU 进行分点注射。对严重的炎症，可用手术法进行清创坏死组织，并涂以碘仿醚（碘仿 1 份，乙醚 10 份）。如腹部有脓肿，可切开后排除脓汁，再用 3% 过氧化氢溶液进行冲洗，内撒碘仿磺胺粉。

全身治疗：用青霉素 80 万 IU 进行肌肉注射，每天 2 次，连用 3～5 天。如有消化不良症状，可内服磺胺脒、苏打粉各 6 g，酵母片 5～10 片，每天 2 次，连服 3 天。

处理好脐带，防止发生细菌感染。剪脐带时应在离腹部约 5 cm 处剪断，再用 10% 碘酊将断端浸泡 1 min；保持牛舍良好的卫生，及时消毒牛舍、用具，勤换褥草。

（四）犊牛肺炎链球菌感染

犊牛肺炎链球菌感染是由犊牛肺炎链球菌引起的急性传染病，主要特征是体温升高和气喘。多发生于 6～30 日龄的犊牛，饲养管理条件差是本病的诱因。

[症状]

（1）急性发病突然，无食欲，精神沉郁，体温升高至 39.5～41.3 ℃，呈弛张热，呼吸达 80～100 次/min，心跳加快，每分钟达 80～110 次。典型症状是气喘、病犊呼吸急、浅表。对抗生素药物无反应，多于病后 10 天内死亡。

（2）病程较长者，流涎，咳嗽，鼻中流出浆液性或脓性的液体；呼吸急迫，气喘，可视黏膜发绀，肺部听诊，肺泡呼吸音粗厉，肺的不同部位，特别是肺的前下部有啰音。经过治疗的病犊，虽食欲有好转，但气喘症状可持续多日。有的病犊初次治愈后，有再次复发现象。表现出体温升高，食欲废绝，目光无神，眼窝下陷，被毛粗乱，无食欲，极度消瘦。

[治疗]

(1) 用青霉素 200 万 IU，或庆大霉素 100 万～150 万 IU，进行肌肉注射，一天 2 次。

(2) 保肝解毒，可用 25％葡萄糖 250 ml Vc 20 ml，进行静脉注射。

(3) 为促使炎性渗出物的吸收，可用 5％葡萄糖生理盐水 500 ml、25％葡萄糖溶液 250 ml、10％水杨酸钠溶液 30～50 ml、40％乌洛托品溶液 20 ml、10％安钠咖溶液 20 ml 进行静脉注射。

(4) 有继发肠炎者，为防止脱水和酸中毒，应补充水与电解质溶液。用 5％葡萄糖生理盐水 1 000～1 500 ml、5％碳酸氢钠 200～500 ml，进行静脉注射。

(五) 脐疝

犊牛发生脐疝时，直径约为 1～10 cm，其质地柔软，能回复，无痛感。在脐疝中可以触摸到网膜和皱胃。一般情况下，小型脐疝在 4 cm 以下，可于 3～4 月龄时自行闭合，较大的脐疝则需要治疗。

[治疗]

(1) 用手将小的脐疝缩小，然后用弹性黏附带沿腹中部安全地捆扎起来，将带子放置几周，使腹壁缺损闭合。

(2) 对于大的脐疝，则进行手术切开缝合法。对疝壁进行修整缝合，并防止细菌感染。

1 附录

鲜乳及乳质量

一、牛乳的分类

牛乳是由奶牛乳腺分泌的一种乳白色稍带微黄色的均胶状、不透明液体。牛乳是由水、蛋白质、脂肪、乳糖、磷脂、维生素、盐类和酶类等多种成分组成的优质和营养食品。

牛乳的成分受多种因素的影响,随奶牛的品种、泌乳期、日粮组成、饲养方式、个体差异、健康状况和气象条件等的变化而不同。由于牛乳成分的变化,有的能作为乳制品的加工原料,有的则不能。故从用做加工原料的角度出发,将奶牛分泌的乳分为常乳和初乳两类(表附1-1)。

表附1-1 初乳与常乳主要成分比较

比较	初乳(%)	常乳(%)
灰分	71.7	87.0
乳脂	3.4	4.0
酪蛋白	4.8	2.5
球蛋白与白蛋白	15.8	0.8
乳糖	2.5	5.0
矿物质	1.8	0.7
干物质总量	28.3	13.0
酸度	45～50 °T	18～20 °T

(一) 常乳

产犊后7天至停乳前所产的乳称为常乳。常乳的成分和性质较为稳定，为乳制品的加工原料。但常乳的质量应符合要求和国家规定标准，否则不可作为原料乳。

（二）异常乳

指乳的成分及理化性质等不同于常乳的乳。这种乳不适于饮用或不适用于乳制品和原料乳。

1. 初乳 产犊后 1 周内所分泌的乳，呈黄褐色，有异臭，味苦，黏度大，故又称胶奶。其成分与正常乳显著不同，不能用来加工。

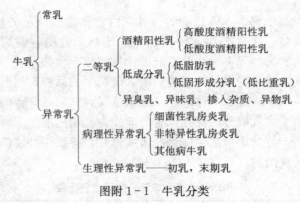

图附 1-1 牛乳分类

2. 泌乳末期乳 产犊后 8 个月至停乳时所产的乳。随着泌乳量的减少，细菌数、过氧化氢酶含量增加，pH 达 7.0，细菌数达 250 万/ml，氯离子浓度为 0.6%，故不能作加工原料。

3. 低成分乳 包括低脂肪乳和低比重乳。低脂肪的出现常见于夏季；精料喂量过高而粗饲料的不足或缺乏。低比重乳是因遗传和饲养管理等影响，使乳的成分发生异常变化而干物质含量过低，如品种、个体的不同及长期营养不良等。

4. 酒精阳性乳 是指与等量 68%～70% 的酒精混合而出现微细及絮状凝结的乳。分高酸度和低酸度酒精阳性乳两种。高酸度酒精阳性乳指酸度在 18～20 °T 以上，加 70% 酒精凝固的乳。

其发生原因是牛奶在收购、运输过程中，由于卫生条件差，消毒不严，未及时冷却，乳中微生物迅速繁殖，乳糖分解为乳酸，致使酸度升高。这种乳加热凝固，其实质是发酵变质牛乳。

低酸度酒精阳性乳指酸度为 11~18 °T，与 70％酒精产生细小絮状凝结的乳。加热不凝固，其原因复杂，现已知的有：①日粮不平衡，可消化粗蛋白（DCP）和总消化养分（TDN）的过度和缺乏；②饲料中钙（Ca）及钠（Na）喂量过高；③乳中无机离子的含量改变，如钙（Ca）、镁（Mg）等二价阳离子含量较高（表附 1-2）；④乳蛋白稳定性降低。其中有 a_s-酪蛋白增加，K-酪蛋白减少，及氨基酸含量变异性大等；⑤疾病的影响，如肝病、酮病、骨软症、繁殖和消化道疾病等；⑥与酷热、寒冷、过度挤乳、牛棚阴暗潮湿、通风不良、刺激性气体等有关。

表附 1-2　酒精阳性乳与正常牛乳盐类及其他成分的比较

	头数	结果	Ca mg%	P	K	Na mN%	Cl	Mg	乳酸 mg%	酮体
酒精阴性乳	65	两极	9.3	25.7	11.7	17.7	17.2	3.68	0	3.2
		差	~	~	~	~	~	~	~	~
		平	216	68.8	31.3	214	61.2	24	4.1	25.8
		均值	50.7	42.3	20.9	71.5	37.97	10.1	1.47	9.87
正常乳	30	两极	14	30.3	12.3	17.2	26.1	4.9	0	0.3
		差	~	~	~	~	~	~	~	~
		平	85.9	53	25	186.7	50.8	21.9	4.12	25
		均值	41.5	42.3	20.9	104.5	34.65	8.2	0.38	9.1

呈酒精阳性反应的鲜乳，其蛋白质、乳糖、脂肪含量与正常乳无差异，并未失去利用价值，仍能应用。只是耐热性较差，在 100 ℃以内与正常乳无太大区别，在 120 ℃以上时，容易发生凝固，用片式消毒器杀菌时，在金属片上产生乳石。

5. 乳房炎乳及其他病牛乳　引起乳房发炎的细菌主要有溶

血性链球菌、葡萄球菌、大肠杆菌等，患布鲁氏菌病、炭疽病、结核病和口蹄疫的病牛，牛乳中都含有大量的病原微生物。由于乳房炎的发生，牛乳品质发生改变，表现为氯和钠含量增高，乳糖含量降低，pH升高，细菌数、白细胞数和上皮细胞明显增多（表附 1-3），如要作加工原料，将会使乳制品风味变坏、变质；同时能传播疾病，引起食物中毒。

表附 1-3　隐性乳房炎与正常牛乳物理性质比较

比较	肉眼变化	pH	味	体细胞数（个/ml）
正常乳	无可见颗粒物质	6.4~6.8	甜香	50 万以下
隐性乳房炎乳	有乳块、纤维、絮状物	7.0 以上	咸味	50 万以上

6. 混入杂质乳　由于环境卫生和挤乳卫生不良，常常会将杂质混入乳中。最常见的是牛舍、牛体不清刷，挤乳用具不消毒，挤乳员不洗手、不勤换工作服，牛棚尘土飞扬，挤出的乳不过滤，装满的乳桶不封盖等，致使昆虫、杂草、牛毛、粪土混入乳内。受异物污染的牛乳出现沉淀物，结果妨碍了酸乳制品的生产；为了提高牛乳成分，为增加重量及缓解牛乳的酸度，人为地向乳中加水、加异种脂肪和蛋白、加中和剂如苏打粉等，使牛乳成分发生改变，影响了乳的营养价值和乳制品生产；为促进奶牛生长和分泌而投服激素制剂，给病牛使用抗生素和农药，这不仅直接影响人的健康（出现抗药性、过敏反应和蓄积中毒等），也妨碍了酸乳制品的生产，故必须加以注意。

二、牛乳的营养价值

牛乳中含有蛋白质、脂肪、碳水化合物、矿物质和维生素等100 多种化学成分；牛乳中的营养成分最易被人体消化吸收，因此牛乳是一种营养价值很高的全价食品，而且也是一种价格低廉、经济实惠的食品，在人们生活中占有重要地位。随着我国广大人民生活水平的不断提高，对乳和乳制品的需求量不断增加，当前，我国的奶牛业不断发展，奶牛质量和乳产量不断提高，乳品工业迅速发展，已能生产出大量的品种繁多的乳制品。

牛乳的营养价值，实质上就是指其干物质而言。干物质包括了乳中的全部营养成分。在计算牛乳和乳制品营养价值时，常常依其脂肪和非脂肪乳固体含量来概括，正常乳干物质含量为 $11\%\sim13\%$，按规定要求脂肪含量不少于 3.2%，非脂乳固体含量不少于 8.5%。

（一）乳蛋白质

乳蛋白质主要有酪蛋白、乳清蛋白、乳球蛋白和免疫球蛋白等。其中酪蛋白占乳蛋白质的 $80\%\sim82\%$，乳清蛋白占 $18\%\sim20\%$，乳球蛋白占 0.1%。乳蛋白质的营养价值表现为：

1. 是营养完全的蛋白质 由于乳蛋白质在蛋白酶的作用下分解成蛋白胨、蛋白胨，最终分解为氨基酸。因此，它能提供多种机体所需要的必需氨基酸（表附 1-4）。

表附 1-4 荷斯坦奶牛乳中氨基酸的含量

氨基酸	含量（g%）	氨基酸	含量（g%）
苏氨酸	0.130 ± 0.004	丝氨酸	0.168 ± 0.006
丙氨酸	0.098 ± 0.003	谷氨酸	0.623 ± 0.019
缬氨酸	0.188 ± 0.006	甘氨酸	0.058 ± 0.003
亮氨酸	0.295 ± 0.013	酪氨酸	0.128 ± 0.03
异亮氨酸	0.163 ± 0.005	苯丙氨酸	0.150 ± 0.004
赖氨酸	0.243 ± 0.009	组氨酸	0.08 ± 0.004
色氨酸	0.048 ± 0.003	精氨酸	0.103 ± 0.005
蛋氨酸	0.078 ± 0.003	组氨酸	0.290 ± 0.009
天门冬氨酸	0.225 ± 0.010	氨	0.07 ± 0.004
胱氨酸	0.02		

2. 乳中免疫性球蛋白与乳的免疫性有关 具有抗原作用，故能提高机体免疫力，从而能增强机体对疾病的抵抗能力。

（二）乳糖

由奶牛的乳腺所合成，仅在乳汁中存在。牛乳中乳糖含量为 $3.6\%\sim5.5\%$，占干物质的 $38\%\sim39\%$。乳糖在水中的溶解度较低，在乳中呈溶解状态。经消化的乳糖可分解成葡萄糖和半乳糖。乳糖的营养价值是：①乳糖能促进胃肠道中乳酸菌的生长繁殖，促进乳酸发酵过程，使乳糖分解为乳酸。乳酸的形成使胃肠道 pH 下降及促进乳酸菌的生长，能抑制其他腐败菌的生长，有助于胃肠道消化和吸收作用，促进对钙的吸收；②半乳糖能促进脑甙和黏多糖类的生成。而这些物质为脑和神经组织糖脂质的组成部分。因此，乳糖对婴儿的脑神经组织的发育，对幼儿智力的发育都有重要作用。

但值得注意的是，有的婴儿或有的人，由于消化道内缺乏乳糖酶，故不能分解乳糖成葡萄糖和半乳糖，影响其吸收，临床上出现腹泻。应引起重视。

（三）乳脂肪

乳脂是牛乳的重要成分，也是乳制品如稀奶油、奶油、全脂乳粉和干酪的主要成分。正常牛乳的乳脂肪为 $3\%\sim5\%$。

牛乳的脂肪中甘油三酸脂占 $98\%\sim99\%$，卵磷脂占 $0.36\%\sim0.49\%$，胆固醇占 $0.3\%\sim0.4\%$。乳脂的营养价值表现为：①牛乳脂肪的熔点低于人体的体温，且呈乳化状态，故极易被机体消化吸收；②乳脂中的脑磷脂、卵磷脂和神经磷脂，对于脑和神经的生理功能，在磷的代谢上都起着重要作用。其中卵磷脂是构成脂肪球膜蛋白质络合物的主要成分，这种膜能使乳、稀奶油和其他乳制品中的脂肪浊液趋于稳定。保证了食用后易被消化和吸收；③乳脂中含有丰富的脂溶性维生素，维生素 A 和胡萝卜素含量很高，能为机体提供所需的维生素，胡萝卜素使牛奶呈淡乳黄色，促进食欲。

（四）维生素

牛乳为人提供所需要的各种维生素。

1. 维生素 A 牛乳中含有维生素 A 及胡萝卜素。维生素 A 的含量决定于饲料中胡萝卜的含量，饲料中胡萝卜的含量越高，乳中维生素 A 的含量也越高。1 g 脂肪含维生素 A 为 2.6～15.2μg，平均约 4.6 μg。

2. 维生素 D 具有促进钙磷的吸收和在骨骼中沉积的功能。1 L 牛乳中维生素 D 的含量平均为 0.2 IU。

3. 维生素 E 也称生育酚。它能改善氧的利用而促进组织细胞呼吸过程恢复正常；为天然的抗氧化剂，能防止维生素 A、维生素 D 及不饱和脂肪酸在消化道及内源代谢中氧化而失效，并能保护含脂质的细胞膜不被破坏，对黄曲霉毒素、亚硝基化合物和多氯联二苯具有抗毒作用。乳中维生素 E 含量为每升牛乳中 2～3 mg。

4. 维生素 B_1 又称硫胺素。乳中含量平均为 0.3 mg/L，在酸乳制品中含量约增加 30%。

5. 维生素 B_2（核黄素） 乳中含量为 1～2 mg/L，具有增进食欲、防止腹泻和脱毛的作用。

6. 维生素 C（抗坏血酸） 乳中含量为 1～4 mg/L，具有增进机体抵抗力的作用。

7. 尼克酸 乳中含量为 0.87 mg/L，具有抗癞皮病的效果。

（五）矿物质

牛乳中矿物质种类很多，主要有钙、磷、镁、钾、钠、硫、铁、碘等。其中钾、钠以真溶液存于乳中；钙、磷、镁等以溶液状态、悬浊状和与乳蛋白结合状态存在于乳中。这些物质对于人体的发育、组织结构及生理代谢都起着重要作用。其营养价值表现是：

1. 钙和磷 牛乳中含钙量 104～108 mg%，磷含量为 86～95mg%。由于易被机体吸收，可以供应机体对钙、磷的需要，以保证骨骼的形成。

2. 其他矿物元素 发育中的儿童、怀孕的和哺乳妇女，对铜、铁、碘等需求量较大，牛乳中这些元素含量多，是其良好来源，因此对防止贫血、促进胎儿及母体的代谢等都有重要作用。

三、生乳的质量标准

生乳是从符合国家有关要求的健康奶畜乳房中挤出的无任何成分改变的常乳。产犊后七天的初乳、应用抗生素期间和休药期间的乳汁、变质乳不应用作生乳。

1. 感官要求 应符合表附 1-5 的规定。

表附 1-5 感官要求

项 目	要 求	检验方法
色泽	呈乳白色或微黄色	取适量试样置于 50mL 烧杯中，在自然光下观察色泽和组织状态。闻其气味，用温开水漱口，品尝滋味
滋味、气味	具有乳固有的香味，无异味	
组织状态	呈均匀一致液体，无凝块、无沉淀、无正常视力可见异物。	

2. 理化指标 应符合表附 1-6 的规定。

表附 1-6 理化指标

项 目	指 标	检验方法
冰点[a,b]/(℃)	−0.500～−0.560	GB 5413.38
相对密度/(20 ℃/4 ℃)	≥1.027	GB 5413.33
蛋白质/(g/100 g)	≥2.8	GB 5009.5

项　目	指　标	检验方法
脂肪/(g/100 g)	≥3.1	GB 5413.3
杂质度/(mg/kg)	≤4.0	GB 5413.30
非脂乳固体/(g/100 g)	≥8.1	GB 5413.39
酸度/(°T)		
牛乳[b]	12～18	GB 5413.34
羊乳	6～13	

a 挤出 3 h 后检测

b 仅适用于荷斯坦奶牛

3. 微生物限量　应符合表附 1－7 的标准。

表附 1－7　微生物限量

项　目	限量 [CFU/g(mL)]	检验方法
菌落总数	≤2×10^6	GB 4789.2

四、鲜乳质量的保证措施

　　鲜乳的风味、质量在乳制品生产中占有非常重要的地位。鲜乳的质量和风味不良，对乳制品的风味、保藏性能及产品的销售等均有直接影响。影响鲜乳质量的因素复杂，涉及奶牛的品质、牛场管理、饲料品种、挤奶和运输等许多环节。因此，了解影响鲜乳质量的因素及正确地采取鲜乳质量的保证措施，这在乳制品生产中是十分必要的。

（一）影响鲜乳质量的因素

1. 微生物的因素　牛乳在乳房内还未挤出时到乳品厂加工时，其间每个环节都受到微生物的污染。挤乳前，在健康奶牛的乳房内，牛乳中细菌数 200～600 个/ml。在挤乳中，由于奶牛毛、特别是乳房及躯体附着有粪土；牛舍通风不良，舍内空气中尘埃的浮游；挤奶桶和挤奶器不及时清洗，消毒不严格；挤奶员不注意卫生及蚊、蝇的传播等，更造成细菌污染，致使乳中细菌高达百万个以上。挤奶后细菌污染机会更多。如过滤器、冷却器、贮乳槽及奶罐车清洗不彻底、消毒不严格等。

牛乳中细菌种类繁多，有的能引起牛乳变酸，有的能引起变质，甚至有的能引起人类疾病的发生。例如，乳链球菌、嗜热链球菌、粪链球菌、乳酪链球菌等能引起乳酸发酵，使牛乳变酸；绿脓杆菌、荧光杆菌、纹膜酸杆菌等能在 0～20 ℃生长繁殖，故称温菌。它们分解蛋白质、脂肪，使乳和乳制品变质。并能使发酵产物氧化而腐败。最应值得注意的是芽孢杆菌。因这些细菌能形成芽孢，故经杀菌处理后，仍能残留于乳中。其中枯草杆菌、巨大芽孢杆菌能分解乳蛋白，产生非酸性凝固；短芽孢杆菌、凝结芽孢杆菌能使牛乳变酸；肉毒梭菌、魏氏梭菌能使乳糖发酵形成酪酸，产生带刺激性的酪酸味，并能引起人的食物中毒。球菌类的细菌能耐高温，对蛋白质分解能力很强，能使干酪表面形成被膜；无乳链球菌、金黄色葡萄球菌和乳房炎链球菌等不仅能引起奶牛的乳房炎，使产奶量下降、乳质量降低，而且还能引起人的食物中毒。

2. 温度因素 包括环境温度和牛乳温度两个方面。

牛乳产量和组成在 4～21 ℃时，几乎不受环境温度的影响，自 21～27 ℃乳产量和乳脂率均逐渐降低；而在 27 ℃以上时，乳产量明显减少，但乳脂率增加，非脂固形成分量减低。

温度对乳中细菌微生物生长影响极大，这是由于微生物种类较多，而每种微生物都有其固有和最适温度。通常情况下，乳温越高，细菌繁殖速度越快，牛乳也最易变质。

3. 其他因素 其中包括饲养管理和乳牛健康状况等。

（1）饲料因素 饲料如氨化秸秆、不良的青贮、过度添加碳酸氢钠，野草如甘菊、毒芹等，经乳牛呼吸道、消化道都可进入牛乳中，使牛奶含有氨味、碱味、苦味和杂草味；饲料中含碳水化合物饲料缺乏，乳糖的含量减少，乳脂率含量增加；精料喂量过高，粗饲料缺乏，乳脂率下降；蛋白饲料不足，可使乳中的无脂固形物减少；饲料发霉变质，饲喂有农药（含黄曲霉毒素、滴滴涕和汞等），也可通过牛体而进入乳中。

（2）管理因素　主要指环境卫生、牛体卫生和挤奶卫生。牛舍卫生不良，放置在牛舍内的牛乳，因其乳脂肪极易吸收外界的各种臭味，故使牛乳具有畜舍味；牛体和挤奶卫生不良，极易增高牛乳中微生物含量；牛乳暴露于日光下，受日光照射可产生日晒气味；在乳制品生产设备中含有铜，当乳和铜接触时，致使脂肪氧化而出现臭味。

（3）健康因素　奶牛疾病的发生直接影响鲜乳质量。患酮病奶牛，血液中酮体进入乳中，使乳酮含量升高，乳中可出现酮味；乳房炎病牛，不仅牛乳中乳糖、乳蛋白和乳脂肪含量发生变化，而且无机离子钠、钾、钙、镁及酸碱度也发生改变（表附1-8）。而更为严重的是，在治疗时所用的抗生素如青霉素、链霉素、四环素等，经血液而移入乳中，当每毫升中青霉素含量超过11个IU时，这种乳若用于制造发酵乳时，将会影响正常的乳酸发酵过程。

表附1-8　乳房炎乳和正常乳盐类成分比较

	Ca	P	K	Na	Cl	Mg	pH
乳房炎乳	45.5	39.6	18.2	149.5	38.6	8.5	6.6以上
正常乳	30.7	52	12.8	55.9	36.2	7.1	6.6以下

（二）鲜乳质量的保证措施

从上述分析来看，尽管影响鲜乳质量因素颇多，但归根结底不外饲养和管理两个方面：在饲养上如饲料供应数量和质量；在管理上如卫生条件、乳的冷却和贮存、运输等。因此，保证鲜乳有优良品质，也只能从饲养和管理着手。

1. 加强饲养管理 这是获得鲜乳优良品质的根本保证。

（1）供应全价饲料，以使母牛获得必要的营养需要 饲料是牛乳的物质基础，这是由于乳的成分是由血液中营养物质如蛋白质、脂肪、血葡萄糖经乳腺细胞合成；一部分成分因乳房分泌细胞不能合成，而是由血液直接供给如维生素和矿物质。可见，饲料的营养水平与牛乳成分息息相关。为能促使乳成分稳定，因此要供应平衡日粮，要注意精粗比、碳氮比和矿物质的给量。以防止低脂肪乳、低比重乳和酒精阳性乳及营养代谢性疾病（酮病）的发生。同时，严禁饲喂发霉变质饲料。

（2）加强卫生管理 牛舍、运动场应及时清扫，经常保持环境卫生；挤乳时，用温的清洁水彻底洗净乳房；挤乳用具及时清洗；挤奶员的工作服勤换，勤剪手指甲，保持个人卫生；注意牛体卫生，每天坚持刷拭牛体；以尽量减少乳中微生物污染。病牛乳、乳房炎乳应单独处理，不能与健康乳相混。

2. 牛乳及时冷却 刚从乳房内挤出来的奶，温度在 36 ℃左右，此时为微生物繁殖的最适温度，如不及时冷却，极易因乳糖分解，酸度提高，变质而凝固。冷却的方法有水池中冷却法，即将盛乳的奶桶直接放入水池中用冰水和冷水进行冷却。为能加速冷却，水池中的水应进行换水并不断搅拌乳桶中的乳。用表面冷却器冷却，冷却器由金属排管构成，冷水或冷盐水从冷却器下部至上部通过冷却器的每根排管，牛乳从上部分配槽底部的细孔流出，经冷却器的表面再流入贮乳槽中，以使乳温下降。浸没式冷却器，可插入贮浸槽或奶桶里以冷却牛乳。

冷却后的乳应在低温的环境中才能延长保存期，否则，由于温度上升，微生物的重新繁殖而使奶变质。据报道，牛乳在 10 ℃低温下保藏，效果较差，超过 15 ℃时，对牛乳质量影响较大，贮藏牛乳的温度应在 10 ℃以下，而以 3～4 ℃保存较好。

3. 合理运输　及时、妥当地运输是减少消耗、保证鲜乳质量的环节之一。因此，在实际工作中，应注意以下几点：①乳桶应清洁卫生，桶盖易开关、不漏乳；每次送完奶后，应用 38～68℃清水洗乳桶，再用 70～72℃、0.5%氢氧化钠液冲洗，最后再用温水冲洗干净；②乳桶中的乳应装满、盖严，防止震荡；③夏季送乳时间应以夜间和早晨为好，为防止在运输中使乳温升高，可用隔热材料、棉被等遮盖乳桶；④运输中不停留，尽量缩短运输时间。

五、牛乳质量的检验方法

当前，乳品厂在收购鲜乳的过程中，为了判定其质量的好坏，常进行酸度、酒精试验、比重试验、比重和乳脂测定、煮沸试验及细菌总数等检验，具体方法如下：

(一) 牛乳酸度的滴定

取 10 ml 受检牛乳放入 250 ml 三角瓶内，加 20 ml 蒸馏水，再加 0.5%酚酞溶液 0.5 ml，混合；用 0.1 mol/L NaOH 液滴定至微红色，在 0.5～1 min 不褪色为止，将消耗的 NaOH 溶液的数量乘 10，即牛乳酸度（°T）。每消耗 1 ml 为 1°T。

(二) 酒精试验

取 1～2 ml 牛乳置于小试管或诊断盘中，加入 68%～70%等量酒精，轻轻摇晃，根据有无凝结、凝结程度判断结果。（一）无凝结；（±）极轻微，细小颗粒；（十）有明显微细颗粒附于管壁；（十十）凝结物呈块状。不出现絮片凝结的酒精阴性乳应符合的酸度标准是：68%酒精，20°不出现凝结；70%酒精，19°以下不出现凝结；72%酒精，18°以下不出现凝结。

(三) 比重测定

取容积为 250 ml 的量筒，将牛乳沿筒壁加至 180 ml 处，小心地将乳稠计沉于标度 30°处，放手使其自由浮动，静止 1～2 min 后，读取乳稠计读数。根据牛乳温度和乳稠计数，查牛乳温度换算表，将乳计数换算成 20 ℃或 15 ℃时的度数。

(四) 全乳固体物测定

吸取牛乳 5 ml。加入恒重的铝皿中，置水浴上蒸发干，放入 98～100 ℃的烘箱中干燥 2 h，冷却、称重量差不超过 2 mg 为止。计算公式：

$$全乳总固（\%）=\frac{W_2-W_3}{W_1-W_3}\times100\%$$

式中　W_1——空皿加样重（g）；

　　　W_2——空皿加样干燥后重（g）；

　　　W_3——空皿重（g）。

(五) 乳脂肪测定

取比重为 1.820～1.825 kg/m³ 硫酸 10 ml，加入到盖勃牛乳乳脂汁中，用 11 ml 的牛乳吸管吸取牛乳样品至刻度处，再加异戊醇 1 ml，再加适量蒸馏水，塞紧橡皮塞，充分摇动，使牛乳溶解后，将乳脂肪柱在乳脂计刻度部分，以 3 500 r/min 离心 5 min，再于 65～70 ℃水浴 5 min，其读数即为脂肪百分数。

(六) 煮沸试验

试管中加入牛乳 10 ml，于沸水中置 5 min，观察有无凝固，产生凝固，表示牛乳变质、酸败。

(七) 乳中细菌数的测定

用灭菌吸管准确吸取被检乳样 25 ml 置于灭菌的三角瓶内，

加入灭菌生理盐水 225 ml，成 10 倍稀释。将稀释的乳样再稀释到 1∶1 000 倍。吸取稀释液 1 ml 注入到鲜血琼脂培养基上，用铂金耳均匀划线，最后将血平板置于 36～37 ℃恒温箱内，培养 48 h，读取平板内细菌菌落数，乘以 10^4 即得每毫升样品所含细菌总数。

六、牛乳掺假的检验

（一）牛乳中食盐的检验

1. 试剂 10％铬酸钾液，0.01 mol/L 硝酸银溶液。

2. 方法 取 0.01 mol/L 硝酸银溶液 5 ml，加 10％铬酸钾液 2 滴，混匀，加被检乳 1 ml，充分混匀，如呈黄色，说明氯离子含量大于 0.14％。正常牛乳中氯离子含量为 0.09％～0.12％。

（二）牛乳中豆浆的检验

1. 试剂 25％～28％ NaOH 液，乙醇乙醚（1∶1）混合液。

2. 方法 取被检乳 5 ml 置入试管中，加乙醇乙醚 3 ml，25％～28％ NaOH 液 2 ml，充分混合，在 5～10 min 出现微黄色即为阳性。正常乳颜色不变。

（三）牛乳中铵盐的检验

1. 试剂 0.04％嗅麝香草酚蓝乙醇溶液，28％NaOH 液。

2. 方法 取被检牛乳 1 ml 加入试管中，加 28％NaOH 液 5～10 滴，振荡，加 0.04％嗅麝香草酚蓝乙醇液 1～2 滴。2 min 内观察颜色变化，如有铵盐则颜色由淡黄色变成蓝色，正常乳呈淡黄色。

（四）牛乳中苏打和小苏打的检验

1. 试剂 0.2％玫瑰红酸（96％酒精）液。

2. 方法 取被检牛乳 1 ml，加玫瑰红液 1 ml，混合，颜色呈红色、草莓红色为阳性。

（五）牛乳中淀粉的检验

1. 试剂 1%碘液。

2. 方法 取牛乳 5 ml 置于试管中，加碘液 1～2 滴，出现蓝色、黑色为阳性。

（六）牛乳中洗衣粉的检验

1. 试剂 0.05%亚甲蓝液，氯仿。

2. 方法 取牛乳 0.5% ml 放于试管内，加氯仿 3～5 ml，亚甲蓝液 3～5 滴。正常乳氯仿层（下层）无色，乳层为蓝色；有洗衣粉者，氯仿层为淡蓝色至深蓝色，乳层为无色。

（七）牛乳中尿液的检验

1. 试剂 甲液：二乙酰一肟　　　　0.6 g
　　　　　　氨基硫脲　　　　　0.03 g
　　　　　　蒸馏水　　　　　　100 ml
　　　　乙液：浓硫酸　　　　　44 ml
　　　　　　浓磷酸　　　　　　44 ml
　　　　　　氨基硫脲　　　　　0.05 g
　　　　　　硫酸镉　　　　　　2 g
　　　　　　蒸馏水　　　　　　100 ml

2. 方法 取被检乳 1 ml 放入试管中，加甲、乙二液各 0.5 ml，充分混合，沸水中煮沸 1 min，冷却后观察。正常乳无色或淡黄色，加尿素者，色呈粉红色、红色或深红色。

（八）牛乳中血与脓的检验

1. 试剂 二胺基联苯　　　　适量
　　　　96%酒精　　　　　2 ml

3%过氧化氢液　　　2 ml

　　　冰醋酸　　　　　　　3～4 滴

　　2. 方法　将试剂充分混合后，加入被检牛乳 4～5 ml，经 20～
30 s 后，液体如呈现深蓝色，即确定牛乳中有血和脓的存在。

（九）牛乳中蔗糖的检验

1. 试剂　浓盐酸、苯二酚。

2. 方法　取被检牛乳 30 ml，加入浓盐酸 2 ml，混合过滤，
取滤液 15 ml 加入 0.1 g 间苯二酚，将其置于水浴中数分钟，如
有红色出现，即证明有糖存在。

（十）熟乳的检验

1. 试剂　2% 对苯二胺、1% 双氧水。

2. 方法　用移液管吸取被检牛乳 5 ml 置于试管中，加 1%
双氧水 0.2 ml，摇匀，再加入 2% 对苯二胺 0.2 ml 摇匀。观察反
应颜色判定。加热 8 ℃ 以上的牛乳，无颜色出现；加热 73～
80 ℃、0.5 min 的乳，呈淡青灰色；加热 70 ℃ 以下和生乳，呈
青蓝鱼。

2 附录

生鲜牛乳质量标准

1. 生鲜牛乳感官标准

（1）**色泽**　呈乳白色或稍带微黄色，不能呈红色、绿色或其他异色。

（2）**滋味和气味**　具有新鲜牛乳固有香味，不能有苦、咸、涩酸滋味和饲料、青贮、发霉及其他异常气味。

（3）**组织状况**　呈均匀的胶态流体，无沉淀，无凝块，无杂质和肉眼可见异物等。

2. 生鲜牛乳的理化指标及微生物指标

全乳固体≥11.5%

乳脂肪率≥3.10%

乳蛋白质≥2.95%

密度（20～4 ℃）≥1.082

酸度（以乳酸度表示%）≤1.62

酒精度≤18°

杂质度≤4 mg/kg

汞≤0.01 mg/kg

六六六、滴滴涕≤0.01 mg/kg

生鲜牛乳细菌指标≤50 万/ml

3. 生鲜牛乳卫生质量标准追求目标

微生物（杂菌数）≤3 万/ml

体细胞≤20 万/ml

含脂率≥3.15%

含蛋白质≥2.95%

3 附录

奶牛常见传染病防疫检疫程序表

月份	疫病种类	生物制剂	防检方法或判断结果
一月	炭疽	炭疽芽孢菌Ⅱ型	肌肉注射，成年牛 1 ml/头
三月	口蹄疫	O - 亚Ⅰ型和A型	肌肉注射，犊牛 2 ml/头，成年牛 3 ml/头
四月	结核检疫	提纯牛型结合菌素，每毫升 10 万 IU	皮内注射选择颈部 1/3 处，0.1 ml/头，72 h 后观察结果并量皮厚，皮厚小于 2 mm 为阴性，皮厚增加 2～3.9 mm 为可疑，皮厚增加 4 mm 以上为阳性
	布病检疫	布鲁氏菌平板抗原	用已知抗原和被检血清作平板凝集试验，根据凝集结果判定是否阳性（1：100 稀释度，"＋＋"为阳性）
五月	流行热	牛流行热疫苗	成年牛 4 ml/头，犊牛 2 ml/头，颈部皮下注射（3 周后进行第二次免疫）
六月	口蹄疫	O - 亚Ⅰ型和A型	第二次免疫注射，方法同前
九月	口蹄疫	O - 亚Ⅰ型和A型	第三次免疫注射，方法同前
十月	结核、布病		方法同前
十二月	口蹄疫	O - 亚Ⅰ型和A型	第四次免疫注射，方法同前

4 附录

牛奶记录体系（DHI）
介绍及应用

DHI 作为奶牛场饲养管理的有效工具，在国外奶牛业已应用了五十多年，并一直应用到现在。世界上奶牛业发达国家如加拿大、美国、荷兰、日本、瑞典等都有类似的专门组织，负责 DHI 测定，为奶户提供服务。DHI 业已成为世界奶牛业发展的方向。

我国 DHI 系统创立于 1994 年，是由中国—加拿大奶牛综合育种项目与我国有关组织在上海、西安、杭州三地分别建立起了牛奶监测中心实验室。由加拿大免费提供监测设备、计算机及专用软件进行人员培训，国内有关机构协调组织奶牛场加入，发展至今已有 7 年时间了。济南农工商集团佳宝乳业公司也于 1998年开始了这方面的工作。伊利、夏进、英雄等十余家乳业也将在年内开展这项工作。

牛奶记录体系实质上是奶牛场由经验管理、被动管理转变为数据管理、主动管理的一次大的变革，必将对我国奶业的发展起到极大的推动作用。

一、DHI 基本情况介绍

DHI 是英文的缩写，其意为奶牛场牛群改良计划，也称牛奶记录体系。牛奶记录体系就是有效进行牛群改良的一个具体实施方法，DHI 是它的一个代号。

（一）组织形式

可根据不同的实际情况组织进行。具体操作就是购置奶成分测定仪、体细胞测定仪、电脑等仪器设备建立一个中心实验室（设备投资近 500 万元）。按规范的采样办法对每月固定时间采来的奶样进行测试分析，测试后形成书面的产奶记录报告。报告内容多达 20 多项，主要有产量记录，奶成分含量，每毫升体细胞数量等内容。加拿大常驻专家正与中国合作改进软件性能，将来DHI 报告内容更加丰富多彩，还配有各种图表，更直观实用。

由于 DHI 对国内奶业来说是一个新事物，为了减少投资避免重复建设，中心实验室设置要合理布局。一个中心实验室除为当地服务外，也可辐射临近地区。

中国奶协已经成立了全国 DHI 工作委员会，制定了 DHI 技术认可标准，实验室验收标准及采样和制取标准样品的操作要求。现在全国有 22 个 DHI 测定中心，其中山东 2 个。

（二）测试对象和间隔

测试对象为具有一定规模（20 头以上成乳牛）愿运用这一先进科技来管理牛群并提高效益的牧场。国有、集体、个体均可参加。采样对象是所有泌乳牛（不含 5 天之内新产牛，但包括手工挤奶的患乳腺炎牛），测试间隔一月 1 次（27～33 天/次），参测后不应间断，否则影响数据准确性。

（三）工作程序

1. 取样

（1）**方法**　用进口的加有防腐剂的取样瓶，对参加 DHI 的每头牛每月采集乳样一次。每次采样总量为 40 ml。每日 3 次挤奶者早、中、晚采样比例为 4：3：3，2 次挤奶早、晚采样的比例为 6：4。

（2）注意事项

1）确保每头奶牛编号的唯一性，奶牛号与样品号对应一致。

2）采样前先加入防腐剂（进口颗粒或重铬酸钾饱和液），检查流量计工作状况，备好其他必需用具。

3）所取奶样应具有代表性，即充分混合奶样。

4）每次取样完毕后，把样品箱放在阴凉干燥处，取样结束后，盖紧采样瓶盖，并在样品箱外贴上标签，标明场名、采样时间、采样人和送达地。

5）取样的准确性是DHI测试数据正确与否的关键，如果取样不准确，其结果无利用价值。要求在采样前对采样员进行培训，按要求进行采样，保证数据的准确可靠。有的地方配备专门采样员，以保证数据的可靠性。

6）在一般情况下，加防腐剂的奶样在常温下可保存5～7天。

7）加防腐剂的奶样应防止误食。

2. 收集资料　新加入DHI系统的奶牛场，应事先填报下表（表附4-1）给测试中心。已进入DHI系统的牛场每月只需把繁殖报表、产量报表交付测试中心。为防止混乱，要求奶量单按牛号大小顺序排列，或将奶量单、牛号顺序与样品箱中的样品号顺序保持一致。

表附4-1　进入DHI系统的奶牛所需资料

牛号
生日
父号
母号
本胎产犊日
胎次
奶量
母犊号
母犊父号

3. 测定奶量 实行机器挤奶的单位，通过流量计测定奶量，要注意正确安装流量计，使其保持垂直姿势。保证奶量的准确与其牛号的统一。若手工挤奶则用台称称量，所有测试工具都应定期进行校正。奶量不平均乳脂率计算常用两种方法：

4. 奶样分析

（1）测试内容

乳成分：乳蛋白率、乳脂率、乳糖率、干物质含量等。

体细胞含量计数。

（2）测试仪器 远红外乳成分测定仪、激光体细胞测定仪。

（3）测试原理 乳成分测定是依照各成分分子功能团对红外线的吸收程度不同，经仪器变成交流信号，再转为直流信号并直流化、数字化，最后经数学方法调整而成。测试过程是自动的，测试结果在屏幕上显示与计算机和打印机连结。

体细胞的测定原理是把奶样稀释，用荧光染料染色，分配到仪器的不锈钢碟的外围上，当不锈钢碟转动到显微镜下时，激光照射于其上的体细胞核上，使荧光染料发光，发光的体细胞被显微镜内的感光体检测到并计数，测试结果在屏幕上显示。仪器与电脑连结。

5. 数据处理及形成报告 计算机室将奶牛场的基础资料输入计算机，建立牛群档案，并与测试结果一起经过牛群管理软件和其他有关软件进行数据加工处理形成 DHI 报告。另外，还可根据奶牛场的需要提供 305 天产奶量排名报告、不同牛群生产性能比较报告、体细胞超过设定数的单列报告、典型牛只产奶曲线报告、DHI 报告分析与咨询。

一般情况下，在奶样送到 DHI 测试中心后的 3～5 天即可得到 DHI 报告。如果有传真机或联网计算机，可在测试完成当天或第二天得到 DHI 报告，奶牛场可利用提供的数据及时采取措施。改进生产管理。

二、DHI 的分析应用

(一) DHI 提供了哪些信息

DHI 报告提供了二十多项数据信息。这些信息不被牧场管理者利用，不去改进管理将毫无价值。

由于 DHI 服务在国内奶业界是全新的工作，故作较为详尽的介绍。

从目前开展 DHI 服务的几个单位看，DHI 记录提供了以下信息：

（1）序号　只是简单的样品测试的顺序号。

（2）牛号　对奶牛来说这是唯一的号，没有别的牛与它重号。

（3）分娩日期　参测奶牛分娩的准确时间，由参试主填报。对现在的胎次而言，分娩日期是很重要的。如果不准确，电脑产生的大多数信息会毫无用处。

（4）泌乳天数　这是电脑按照你提供的分娩日期产生的第一个数字，它依赖于你提供的分娩日期的准确性。

（5）胎次　这也是牧场提供的数字，它对电脑产生 305 天预计产奶量很重要，因电脑需要精确的胎次以识别泌乳曲线。

（6）HTM——牛群奶量　是以千克为单位的牛只产奶量。

（7）HTACM——校正奶量　这是个以千克为单位电脑产生的数据，以泌乳天数和乳脂率校正产奶量而得出的。将实际产奶量校正到产奶天数为 150 天，乳脂率为 3.5％的同等条件下，这提供了不同泌乳阶段的奶牛之间的比较。否则，是不可比的。

（8）Prev. M——上次奶量　这是以千克为单位的上个测定日该牛的产奶量。

（9）F％——乳脂率　这是从测试日呈送的样品中分析出的乳脂肪的百分比。

（10）P%——乳蛋白率　这是从测试日呈送的样品中，分析出的乳蛋白的百分比。

（11）F/P——乳脂/蛋白比例　这是该牛在测奶时的牛奶中乳脂率与蛋白率的比值。

（12）SCC——体细胞　计数单位是 1 000，是每毫升样品中的该牛体细胞数的记录。SCC 主要为白细胞也含有少量的乳腺上皮细胞。

（13）MLos——牛奶损失　这是电脑产生的数据，基于该牛的产奶量及体细胞计数。

（14）LSCC——线性体细胞计数　是电脑基于体细胞计数产生的数据，用于确定奶量的损失。

（15）PreSCC——前次体细胞计数　上月样品体细胞数单位1 000。

（16）LTDM——累计奶量　是电脑产生的数据，以千克为单位，基于胎次和泌乳日期，可以用于估计该牛只本胎次产奶的累计总量。

（17）LTDF——累计乳脂量　是电脑计算产生的以千克为单位的数据，基于胎次和泌乳日期，用于估计该牛本胎次生产的脂肪总量。

（18）LTDP——累计蛋白量　是电脑产生的数据，基于胎次和泌乳日期，用于估计本胎次以来生产的蛋白总量。

（19）PeaKM——峰值奶量（高峰奶）　以千克为单位的最高的日产奶量，是以该牛本胎次以前几次产奶量比较得出的。

（20）PeaKD——峰值日　表示产奶峰值日发生在产后的多少天。

（21）305M——305 天奶量　是电脑产生的数据，以千克为单位，如果泌乳天数不足 305 天，则为预计产量，如果完成 305天奶量，该数据为实际奶量。

（22）ReProseat——繁殖状况　如果牛场管理者呈送了配种

信息，这将指出该牛是产犊、空怀、已配还是怀孕状态。

（23）DueDate——预产期　如果牛场管理者提供繁殖信息，如怀胎检查，指出是怀孕状态，这一项将以上次的配种日期计算出预产期。

（二）产奶峰值日的启示

国外研究人员在研究 DHI 记录时，提出了这样一个问题，产奶量 5 000 kg 和 10 000 kg 的牛有什么不同呢？他们从看泌乳曲线开始，检查了数以千头的奶牛，按产量分组，分析胎次，通过这些检验，看到了两者的相似及不同之处，他们发现：

高产母牛的产奶量高，产奶峰值也高。

所有母牛的正常峰值出现在第二个测奶日，所有的牛在峰值过后产量逐日下降。

在相同的胎次组，所有不同的产量水平的曲线下降斜率是相似的，这一下降率正常情况下为每日 0.07 kg。

从以上研究中，可以得出这样的结论，峰值奶量是使总产量提高的动力，如果我们想使牛的产量是 10 000 kg 而不是 5 000 kg，则必须管好产奶高峰期的奶牛，使其峰值产奶量达到最高。

为了管理好峰值奶量，必须了解在峰值时母牛发生了什么，除了峰值日出现在第二测奶日，还要知道泌乳早期发生的变化。所有的奶牛饲养主都承认采食量与产奶量有联系，如果牛吃不好，其产奶量也不高，通常吃的好的牛产量也高。许多奶户也认识到在奶牛身上有一个采食循环，在围产期采食量很差，在泌乳期采食量逐渐上升，直到采食峰值的到来，然后逐渐下降。

将这两个循环一起分析对比时，则观察到：一头奶牛在产后6～7周即约在 50～60 天达到峰值产奶量，而采食峰值在产后 12～13 周，约在 90 天出现。当我们观察在一个胎次中体重的变化，发现了第三个相关的曲线，牛在泌乳早期体重下降，直到采食高峰值到达后，体重才开始恢复。现在，可以得出这样的结论：峰值产奶量是提高胎次产量的动力。如果想要实现高产，则必须管理好上述三个循环。

（三）DHI 记录的分析应用

DHI 的分析应用可以涉及到奶牛业的任何一个方面。也可以这样说，奶牛场要实现现代化管理，离开 DHI 的分析应用将是一句空话。

DHI 的应用范围很广，现简要介绍如下。

每份 DHI 报告可以提供牛群群体水平和个体水平两个方面信息。

1. 群体水平 一个合格的奶牛场管理者，他最关心的应是牛群的整体水平，主要包括以下几个方面：

（1）较理想的牛群泌乳天数为 150～170 天 如果牛群为全年均衡产犊，也就使得全年的产奶量均衡，这是许多乳品加工厂希望的，这样的话 DIM 就应处于 150～170 天，这一指标可以显示牛群繁殖性能及产犊间隔。如果数据比这一水平高许多，表明该场产犊不均衡，有季节性或配种繁殖工作尚存在问题。管理者可以用此提供的信息，分析原因并加以改善。

（2）牛群平均理想胎次为 3～3.5 胎 处于此状态的牛群不但有较高的产奶潜力及持续力，还有机会不断更新牛群。

3～3.5 胎这个参数是根据奶牛泌乳生理特点、胎次泌乳量的效益率和健康管理的水平提出来的，可以作为衡量一个奶牛场管理水平的依据，也是高效牧场必然达到的目标。

（3）日奶量与前奶量的比较 从牛群本月平均奶量与上月平均奶量（测定日奶量）比较，可以看出本月牛场的生产经营情况，结合平均产奶天数观察牛群，可能有两种情况：第一，平均天数未变，如果两个月平均产奶量差距很大（超过天数与日减0.07 kg 乘积）说明饲养管理方面存在很多问题。第二，本月测奶时牛群平均产奶天数比上月高 20 天。则相应地本日测定奶产量可能下降 20 天×0.07 kg×牛群头数。需要进一步的深入分析,则要依赖对每头产奶牛的对比,这样分析的结果,才能使改进管理的措施更具有针对性,效果会更好。应当根据个体产奶量对牛群进行分群,按牛群产奶量配制日粮。

(4)乳脂率和乳蛋白率可以提示营养状况 如果乳脂率低于2.8%可能是瘤胃功能不佳、代谢紊乱、饲料组成或饲料加工有问题等。如果产后 100 天蛋白率低于 2.95%,可能的原因是:干奶牛日粮不合理,产犊时膘情差,泌乳早期精料喂量不足,蛋白含量低,过瘤胃蛋白含量低。

乳脂率和蛋白率之比,在正常情况下,荷斯坦牛的比例在 1:1.12~1.13。一般情况下,高产牛比值偏小。处于泌乳30~120 天之间比值太大,如高脂低蛋白,可能是日粮中添加了脂肪或日粮中蛋白不足,或不可降解的蛋白不足。而低比例值则相反,蛋白大于脂肪,可能是日粮中有太多的谷物精料,或日粮中缺乏纤维素。

(5)SCC 是牛群乳腺健康水平的标志 奶牛乳腺的健康与其产奶量密切相关。利用这一记录项目,奶牛场管理者可以检测乳房健康状况。由于奶牛乳腺的生理结构极易遭受外界细菌的侵袭,受感染的机会时刻都存在。体细胞(SCC)与乳腺健康状况息息相关,体细胞越高,健康状况越差;体细胞越少,健康状况越好。SCC 的多少也关系到生奶的质量,在国外许多国家已用于验收生鲜牛奶的奖罚体系中。SCC 的量值影响牛奶产品的质量和数量,影响奶农的效益,也影响乳制品的存放时间。

对于体细胞较高的牛群,存在两种情况,第一,牛群体细胞数由个别体细胞数很高的奶牛所造成,只需对个别进行有关治疗;第二,牛群体细胞数由大部分含体细胞数的奶牛造成,说明乳房保健存在问题,应检查挤奶设备的消毒效果、真空稳定性、奶衬、牛床、运动场等环境卫生和牛体卫生并加以改进。

(6)SCC 与 DIM(泌乳天数) 体细胞与泌乳天数这两项结

合使用，可以确定与乳房健康相关的问题在什么地方发生。如果高的 SCC 在泌乳早期发生，可能预示着较差的干奶期隐性乳房炎的防治，或可能是干奶牛舍和产房卫生条件太差。如果泌乳早期 SCC 很低，但在泌乳期持续上升，则可能预示着挤奶程序或挤奶设备有问题。上述问题一解决，SCC 就会下降。

（7）SCC 与 MLoss（奶量损失）　在国外，SCC>30 万则认为是临床性乳腺炎，相关的法规规定乳品加工厂拒收这种奶进行加工饮用。由于国内开始 DHI 测定工作时间不长，根据现有牧场卫生管理现状和改进管理后，能普遍达到的情况中加奶牛项目初步确定 SCC>70 万来作为防治隐性乳房炎的标准。济南农工商集团下属的奶牛场自 1998 年开展 DHI 测定以来，就是以 70 万/ml 为标准进行隐性乳房炎防治的，取得了明显的经济效益，成乳牛单产连续 2 年实现增长 800 kg 以上（表附 4 - 2）。

表附 4 - 2　与胎次相关的 SCC 与 305 天奶量损失

SCC 计数/ml	奶损失（kg）	
	一胎奶牛	≥2 胎
15 万～30 万	180	360
30.1 万～50 万	270	550
50.1 万～100 万	360	725
>100 万	454	900

（8）前次 SCC　前次 SCC 与本次 SCC 比较，提供了管理变化和治疗效果的指示，也提供了变化趋势。如果 SCC 在提高，则显示问题在继续发生，如果在下降，则显示改进管理后见效。

如果 SCC 持续很高，常常预示是传染性乳房炎，一般是由葡萄球菌或链球菌引起的，常在挤奶时传染。如果 SCC 计数开始低，接着高，再接着低，一般是环境型的乳房炎，与奶牛场卫生管理状况密切相关。

（9）与峰值奶量有关的分析应用　奶牛场所有管理的目的就

是为了增加单产。其中，增加峰值奶量是重要的指标。如前所述，峰值产奶量推动着总产的提高，峰值产量是胎次潜在产量的指示性指标。峰值奶量与营养日粮的有效性和产犊时的体况有关。峰值奶量每提高 1 kg，相当于一个胎次奶产量一胎牛提高 400 kg，二胎牛提高 270 kg，三胎以上提高 256 kg。限制峰值奶量的因素有：

膘情：最好让干奶期的牛获得膘情，这是牛恢复体膘的最后机会，此时瘤胃可以修复泌乳期高精料日粮引起的损伤，乳房也可以修复由于上次泌乳所受的损伤。在采食量增加前，如果没有足够体脂贮备，要使牛的产奶量达到理想的峰值是不可能的。一般情况下都认为奶牛的生产始于产犊开始，然而研究表明，要使奶牛达到遗传潜力应达到的峰值奶量，应当在产犊前作准备工作，这一过程应始于上一胎次的后 1/3，在泌乳的同时增加体膘。

后备牛的饲养：对后备牛重视，如同往银行存款一样，到一定时间会优厚报答你的，后备牛饲养好坏在产奶后表现得很明显，疾病甚至新生犊牛患一次肠炎也会影响该牛应达到的峰值水平。

产期管护：所有的奶牛都应在干净、干燥、舒适的环境中产犊，避免人为的环境不洁造成子宫感染。

泌乳早期营养：应抓好以下几个关键环节，①日粮的改变必须渐进进行，以使瘤胃中的微生物数量调整而适应新的配方饲料；②高浓度易消化全日粮配合饲料；③增加饲喂次数和适口性；④临产前 2 周变干奶牛饲料为产奶牛饲料；⑤清洁饮水等。

乳房炎：如果一头奶牛产后发生乳腺炎，将达不到遗传允许的峰值奶量。如果能做到避免乳腺炎而达到峰值奶量，将获得大的经济回报。产期照顾和环境卫生是影响泌乳早期乳腺炎发生的重要因素，干奶期不适当的营养、管理也都是不可忽视的因素。

遗传：十分明显，遗传在奶牛达到什么样高度的峰值奶量能力方面起很大作用。加强遗传改进工作是奶牛场的一项重要工作任务。

防止产后并发症：做到挤奶完全，加强干奶牛管理，避免产后应激，这都是影响峰值奶量的因素，要全面考虑，采取综合措施，使奶牛达到应有的峰值奶量。

干奶牛管理：一是注意达到应有的体膘；二是做好隐性乳房炎的防治。

（10）305 天预测奶量　305 天产奶量是衡量一个奶牛场生产经营状况的指标，也是牛只淘汰离群的重要依据，有助于管理者及早淘汰那些亏本牛，以保证牛群的整体水平和经济效益。DHI 预测 305 天产奶量是牧场管理者提高效益最有利的手段。

2. 个体水平　一个奶牛场管理的好坏，应当从每头牛的情况着手管理。DHI 报告为实现对每头奶牛的管理提供了非常实用的信息。

对照检查每头牛前后两次测定的奶产量，可分析出其产奶量升降是否正常，如果异常应及时查找原因并采取补救措施；个体牛的 SCC 直接反映了牛只乳房的健康状况，对比前后两次 SCC 可发现防治措施是否有效。总之，对比前后数据变化其余 DHI 项目均可在比较中发现问题。

3. DHI 对乳品加工企业的作用

（1）通过牧场对 DHI 报告的应用，可为选种选配提供数据，达到改进乳成分中乳蛋白、乳脂等目的。降低 SCC 使原料奶质量不断提高，为乳品厂以质取胜打下了良好基础。"牛奶离开牧场质量永远不会提高"，DHI 工作的开展，有利于提高生奶质量。

（2）也可通过 DHI 测定作为以质论价的依据。逐步与国际收奶政策接轨。

总之，DHI 的应用，涉及奶牛场管理的各个方面。科学的管理没有一项是离开 DHI 测定作为依据的。

虽然，这一科学的先进技术的应用在我国刚刚起步，但对我国奶牛业的发展具有划时代的促进作用。坚持应用，定会取得优厚的回报。

5 附录

中国荷斯坦牛体型线性
鉴定性状及评分标准

一、结构与容量

本部位包括 6 个描述性状和 9 个缺陷性状，占牛只体型总评分的 18%。

(一) 体高

测定部位为十字部到地面的垂直高度，本性状为可度量性状，部位评分中权重为 15%，评分标准与如下：

评分	1	2	3	4	5	6	7	8	9
标准	≤130 cm	132 cm	135 cm	137 cm	140 cm	142 cm	145 cm	147 cm	≥150 cm

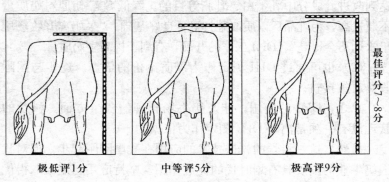

极低评1分　　　　　　中等评5分　　　　　　极高评9分

最佳评分7~8分

图附5-1　体高评分示意图

(二) 前段

观察部位为奶牛的鬐甲部相对十字部的高度差。注意不因奶牛的背腰不平而误判。部位评分中权重为 8%，评分标准如下：

评分	1	2	3	4	5	6	7	8	9
标准	极低—5 cm	—4	—3 cm	—2	0	2	3 cm	4	5 cm

 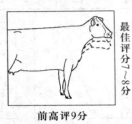

前低评1分　　　　　水平评5分　　　　　前高评9分

最佳评分7~8分

图附 5-2　前段评分示意图

(三) 体躯大小

即被鉴定牛只的体重，可依据被鉴定牛的胸围估计体重。部位评分中权重为 20%，评分标准如下：

评分		1	2	3	4	5	6	7	8	9
一胎	体重	410 kg	434 kg	456 kg	478 kg	500 kg	522 kg	544 kg	566 kg	590 kg
	胸围	173 cm	178 cm	181 cm	184 cm	188 cm	191 cm	194 cm	197 cm	200 cm
三胎	体重	456 kg	478 kg	500 kg	522 kg	544 kg	566 kg	590 kg	612 kg	635 kg
	胸围	181 cm	184 cm	188 cm	191 cm	194 cm	197 cm	200 cm	203 cm	206 cm

 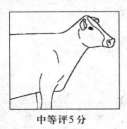 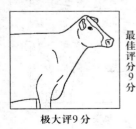

极小评1分　　　　　中等评5分　　　　　极大评9分

最佳评分9分

图附 5-3　体躯大小评分示意图

（四）胸宽

以奶牛两前肢内侧的胸底宽度为指标，一般不进行度量，由鉴定员判断其宽度为主。部位评分权重为 29%，评分标准如下：

评分	1	2	3	4	5	6	7	8	9
标准	极窄 (13 cm)	16	19 cm	22	25 cm	28	31 cm	34	37 cm

 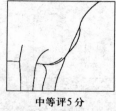 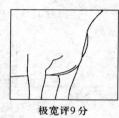

极窄评1分　　　　　　中等评5分　　　　　　极宽评9分

最佳评分7～8分

图附 5-4　胸宽示意图

（五）体深

为奶牛体躯最后一根肋骨处腹下沿的深度，主要依据鉴定员观察判断。部位评分权重为 20%，评分标准如下：

评分	1	2	3	4	5	6	7	8	9
标准	极浅		浅		中等		深		极深（腹下垂）

极浅评1分　　　　　　中等评5分　　　　　　极深评9分

最佳评分7分

图附 5-5　体深评分示意图

（六）腰强度

主要观察被鉴定牛只的臀（十字部）与背之间腰椎骨的连接强度及腰椎两侧的短骨发育状态。极强个体背部的腰椎骨微有隆起，其短骨发育长、平；极弱个体腰部下凹，其短骨发育短而细。部位评分权重为 8%，评分标准如下：

评分	1	2	3	4	5	6	7	8	9
标准	极弱		弱		中等		强		极强

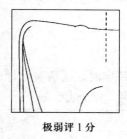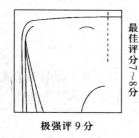

最佳评分 7～8 分

极弱评 1 分　　　　中等评 5 分　　　　极强评 9 分

图附 5-6　腰强度评分示意图

（七）缺陷性状（一般和严重）

（1）**面部歪**　弯曲的下颌，扭曲的鼻梁骨，影响咀嚼和呼吸。

（2）**头部不理想**　缺少品种特征，如头短、口笼窄、两眼太近或太远。

（3）**双肩峰**　指耆甲和肩后相连成凹形。

（4）**背腰不平**

（5）**整体结合不匀称**　一个部分与另一个部分连接不紧凑，整体结合不好。

（6）**肋骨不开张**　从牛的后面观察，其肋骨应该呈长、平、弧形开张，而不开张个体无弧形态。

（7）**凹腰**　腰椎骨和髋骨之连接应是高的，宽的；连接点不好的个体呈下凹状态，此缺陷应与腰强度评分区别。

（8）**窄胸**　胸应是大而深，在肘部有很好的开张前肋，并平滑的充满肩部。而窄胸则在肘部很窄。

（9）**体弱**

二、尻　　部

本部位包括 3 个描述性状和 6 个缺陷性状，占牛只体型总评分的 10%。

（一）尻角度

指腰角至坐骨结节连线与水平线的夹角。评定时以腰角对坐骨结节的相对高度为指标。部位评分中权重为 36%，评分标准如下：

评分	1	2	3	4	5	6	7	8	9
标准	−4 cm 腰角低	−2 cm	0 cm	2 cm	+4 cm	+5.5 cm	+7 cm	+8.5 cm	+10 cm 腰角高

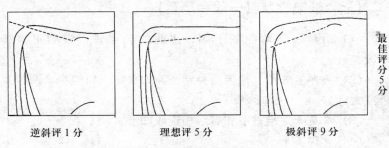

逆斜评 1 分　　　　理想评 5 分　　　　极斜评 9 分

最佳评分 5 分

图附 5-7　尻角度评分示意图

（二）尻宽

以坐骨结节间的宽度为评分标准，部位评分中权重为 42%，评分标准如下：

评分	1	2	3	4	5	6	7	8	9
标准	10 cm	12 cm	14 cm	16 cm	18 cm	20 cm	22 cm	24 cm	26 cm

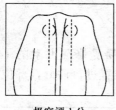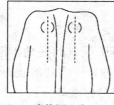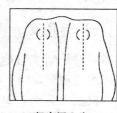

极窄评 1 分　　　　中等评 5 分　　　　极宽评 9 分　　最佳评分7~8分

图附 5-8　尻宽评分示意图

（三）腰强度

和体躯结构与容量中的腰强度评分相同，部位评分中权重为 22%。

（四）缺陷性状（一般和严重）

（1）肛门向前　阴门和肛门应承垂直状态，若肛门在尾根下前置，其排泄物会污染生殖道，引起生殖系统疾病。

（2）尾根凹　尾根在臀骨间陷入。

（3）尾根高　尾根位于臀骨的顶上。

（4）尾根向前　尾根的起始点应是在离臀角 2.5 cm 处，如果它的距离超过 2.5 cm 即为尾根向前。

（5）尾歪　尾应和背线呈一条直线，如果与背线弯曲则为尾歪。

（6）髋位偏后　髋部应是高和宽的，位于腰角和臀角之间，臀部偏后则会影响臀端的位置和后肢结构。

三、肢　　蹄

本部位包含 6 个描述性状和 9 个缺陷性状，占牛只体型总评分的 20%。

（一）蹄角度

指后蹄外侧壁与地面所形成的夹角。但易受修蹄因素的干扰，现改为观察蹄壁上沿的延伸线到前肢的位置进行评分，部位评分中权重为 20%，其评分标准如下：

评分	1	2	3	4	5	6	7	8	9
	20°	30°	35°	40°	45°	50°	55°	60°	70°
标准	蹄上沿延伸线到前肢肘部				到前肢膝关节				到前肢膝关节以下

极低评 1 分　　　中等评 5 分　　　极陡评 9 分

最佳评分 7~8 分

图附 5 - 9　蹄角度评分示意图

（二）蹄踵深度

主要观察鉴定牛只的后蹄之蹄踵上沿与地面之间的深度。部位评分中权重为 20%，评分标准如下：

评分	1	2	3	4	5	6	7	8	9
标准	0.5 cm	1	1.5 cm	2	2.5 cm	3	3.5 cm	4	4.5 cm

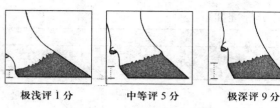

极浅评 1 分　　　中等评 5 分　　　极深评 9 分

图附 5 - 10　蹄踵深度评分示意图

(三) 蹄瓣均衡

主要观察牛只四个蹄子蹄瓣的完好程度和磨损程度。属部位评分参考研究性状，不计分，作为缺陷性状在部位评分中扣分。

(四) 骨质地

主要观察牛只的后肢骨骼的细致程度与结实程度。部位评分中权重为 20%，评分标准如下：

评分	1	2	3	4	5	6	7	8	9
标准	极粗、圆疏松		粗、圆疏松		中等		宽、扁平细致		极宽、扁平、细致

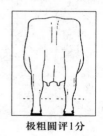 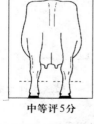 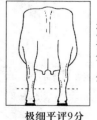

极粗圆评 1 分　　　中等评 5 分　　　极细平评 9 分

图附 5 - 11　骨质地评分示意图

(五) 后肢侧视

从侧面观察被鉴定牛只后肢飞节的弯曲程度。部位评分中权重为 20%，评分标准如下：

评分	1	2	3	4	5	6	7	8	9
标准	165° 直飞节	160°	155° 较直飞	150°	145°	140°	135° 较曲飞	130°	125° 极曲飞节

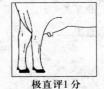 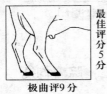

极直评1分　　　　　中等评5分　　　　　极曲评9分　　最佳评分5分

图附 5-12　后肢侧视评分示意图

（六）后肢后视

从后面观察后肢飞节的内向程度进行评分，部位评分中权重为 20%，评分标准如下：

评分	1	2	3	4	5	6	7	8	9
标准	飞节内向 后肢 X 状				中等				飞节间宽 后肢平行

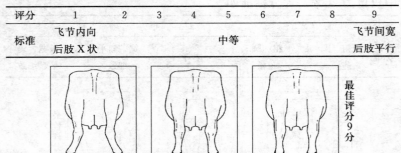

极X形评1分　　　　　中等评5分　　　　　极平行评9分　　最佳评分9分

图附 5-13　后肢后视评分示意图

（七）缺陷性状（一般和严重）

（1）卧系　指系部软，悬蹄接近地面。

（2）后肢抖　有关节炎症状或神经症状，后肢在站立或走动时，有痉挛或发抖现象。

（3）飞节粗大

（4）蹄叉开张 蹄两趾间的间隙较大。

（5）后肢前踏或后踏

（6）过于纤细 指后腿骨骼纤细。

（7）前蹄外向

四、乳 房

本部位评分为两个系统，即前乳房和后乳房，占牛只体型总评分的40％。

此3个描述性状和3个缺陷性状，共同参与前乳房和后乳房评分。

1. 乳房深度 指牛只乳房底部到飞节的距离。若乳房倾斜状态，则以最低点到飞节的距离。评分标准如下：

评分		1	2	3	4	5	6	7	8	9
标准	一胎	极低 −1	0 cm	飞节上4cm	飞节上7cm	适中 飞节上10cm	飞节上12cm	高 飞节上14cm	飞节上16cm	极高 飞节上18cm
	三胎	低于飞节 −3 cm	飞节下 −1 cm	飞节 0 cm	3 cm	飞节上6cm	飞节上8cm	飞节上10cm	飞节上12cm	飞节上14cm

  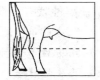

极深评1分　　　　　中等评5分　　　　　极浅评9分

最佳评分5分

图附5-14 乳房深度评分示意图

2. 乳房质地 通过观察和触摸牛只的乳房组织是以腺体组织或结缔组织构成进行评分。腺体组织乳房质地柔软细致，富有弹性，挤完奶后，乳房即收缩；而结缔组织多的乳房，则完全相反，即肉乳房。评分的标准如下：

评分	1	2	3	4	5	6	7	8	9
标准	结缔组织				半腺体组织				全腺体组织

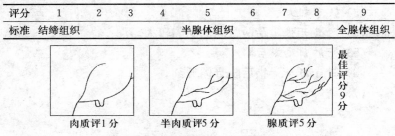

肉质评1分　　　　半肉质评5分　　　　腺质评5分

最佳评分9分

图附 5-15　乳房质地评分示意图

3. 中央悬韧带　主要以乳房底部中隔纵沟的深度为衡量标准，评分的标准如下：

评分	1	2	3	4	5	6	7	8	9
标准	乳中沟极浅 0 cm	0.5 cm 浅	1.5 cm	2 cm	中等 3 cm	4 cm	深 5 cm	6 cm	乳中沟极深 7 cm

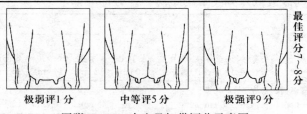

极弱评1分　　　　中等评5分　　　　极强评9分

最佳评分7~8分

图附 5-16　中央悬韧带评分示意图

4. 缺陷性状（一般和严重）

（1）乳房前吊　乳房底部向前倾斜。

（2）乳房后吊　乳房底部向后倾斜。

（3）乳房形状差　指乳房整体形状不匀称，如袋状乳房等。

（一）前乳房

本系统鉴定性状 3 个，缺陷性状有 7 个。占乳房评分的 45%。

1. 前乳房附着　从牛体侧面观察，借助触摸，看前乳房与体躯腹壁连接附着程度进行评分。本性状的权重为 45%，评分标准如下：

	1	2	3	4	5	6	7	8	9
标准	极弱		弱		中等		强		极强

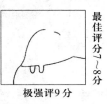

极弱评1分　　　　中等评5分　　　　极强评9分

最佳评分7~8分

图附 5-17　前乳房附着评分示意图

2. 前乳头位置　以前乳头基部的生长位置进行评分。本性状的权重为 20％，评分标准如下：

评分	1	2	3	4	5	6	7	8	9
标准	极外		偏外		中间		偏内		极内

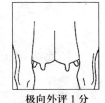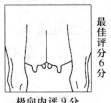

极向外评1分　　　中间评5分　　　极向内评9分

最佳评分6分

图附 5-18　前乳头位置评分示意图

3. 前乳头长度　以前乳头的长度进行评分。本性状的权重为 5％，评分标准如下：

评分	1	2	3	4	5	6	7	8	9
标准	极短2.5 cm	3	4 cm	4.5	适中5 cm	6	长7.5 cm	8.5	极长10 cm

4. 乳房深度　评分同前；本性状之权重为 8％。

5. 乳房质地　评分同前；本性状之权重为 12％。

6. 中央悬韧带　评分同前；本性状之权重为 10％。

7. 缺陷性状（一般和严重）

极短评1分　　　　　中等评5分　　　　　极长评9分

最佳评分5分

图附5-19　前乳头长度评分示意图

（1）前乳房膨大　指前乳房附着松懈向前突出。

（2）前乳房肥赘　前乳房左右膨大。

（3）左右不均衡　左右乳区大小不一致。

（4）前乳房短　前乳房没有足够的长度。

（5）前乳头不垂直

（6）前乳头有附乳头　乳头上面长有小乳头。

（7）前乳房有瞎乳区

（二）后乳房

本系统鉴定性状三个，缺陷性状6个。在乳房评分中权重55%。

1. 后乳房附着高度　即后乳房乳腺之最上缘与阴门基底部之间的距离。本性状的权重为23%，评分标准如下：

评分	1	2	3	4	5	6	7	8	9
标准	极低 32 cm	30	低 28 cm	26	中等 24 cm	22	高 20 cm	18	极高 16 cm

2. 后乳房附着宽度　即后乳房乳腺组织的最上缘在后裆间的附着宽度。本性状的权重为23%，评分标准如下：

评分	1	2	3	4	5	6	7	8	9
标准	极窄 8 cm	9.5	11 cm	12.5	14 cm	15.5	17 cm	18.5	极宽 20 cm

注：三胎牛其标准提高3 cm。

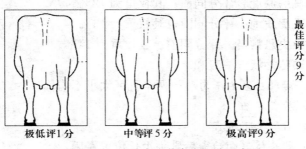

极低评1分　　　　　中等评5分　　　　极高评9分

最佳评分9分

图附 5-20　后乳房附着高度评分示意图

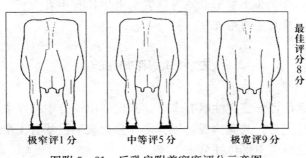

极窄评1分　　　　　中等评5分　　　　极宽评9分

最佳评分8分

图附 5-21　后乳房附着宽度评分示意图

3. 后乳头位置　以后乳头在乳房基部的生长位置进行评分，本性状权重为 14%，评分标准如下：

评分	1	2	3	4	5	6	7	8	9
标准	极外		偏外		中间		偏内		极内

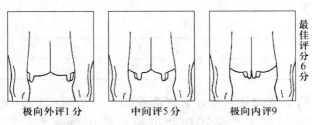

极向外评1分　　　　中间评5分　　　　极向内评9

最佳评分6分

图附 5-22　后乳头位置评分示意图

4. 乳房深度 评分同前；其权重为 12%。

5. 乳房质地 评分同前；其权重为 14%。

6. 中央悬韧带 评分同前；其权重为 14%。

7. 缺陷性状（一般和严重）

（1）后乳房左右不匀称 两个乳区大小不均称。

（2）后乳房短

（3）后乳头不垂直

（4）乳头位置向后 后乳头生长位置靠后。

（5）后乳头上有附乳头 后乳头上生长有小乳头。

（6）后乳房有瞎乳区

五、乳用特征

本部位评分鉴定性状有 1 个，其他部位评分中有 3 个性状参与本部位记分，共同构成乳用特征评分；缺陷性状有 1 个，在奶牛外貌总分中本部位评分占 12%。

（一）棱角性

主要观察奶牛整体的 3 个三角形是否明显，骨骼的轮廓是否清晰，平直、肋骨开张程度和肋间距之大小，尾巴的粗、细，股部大腿肌肉的凸凹程度以及鬐甲棘突的高低等。其权重为 60%，评分如下：

评分	1	2	3	4	5	6	7	8	9
标准	极差		差		中等		明显		极明显

肢蹄部位的骨质地，乳房部位的乳房质地与体躯结构/容量部位的胸宽 3 个描述性状也参于乳用特征部位的评分，如下：

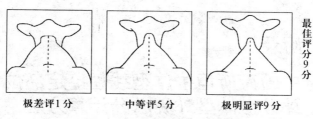

最佳评分9分

极差评1分　　　　中等评5分　　　　极明显评9分

图附 5 - 23　棱角性评分示意图

（二）骨质地

评分以肢蹄部位中之骨质地评分为准；其权重为 10%。

（三）乳房质地

评分以乳房部位中的乳房质地位评分为准。其权重为 15%。

（四）胸宽

评分以结构与容量中之胸宽评分为准。其权重为 15%。

（五）缺陷性状（一般和严重）

肋间近　如果肋骨间的间距小于 1 指，则为肋间近。

六、体型外貌等级的划分

等级	得分	等级	得分
1. 优秀（EX）	90—100	4. 好（G）	75—79
2. 很好（VG）	85—89	5. 一般（F）	65—74
3. 好＋（GP）	80—84	6. 差（P）	65 分以下

6 附录

中国荷斯坦牛体型线性鉴定部位评分与体型外貌总分计算方法

一、部位评分计算方法

(一) 计算公式

$$部位评分 = \Sigma_1（功能分 \times 权重）- \Sigma_2（缺陷性状扣分）$$
$$= \Sigma_1（加权分）- \Sigma_2（缺陷性状扣分）$$

Σ_1：为该部位评定的若干个鉴定性状和参于计算的性状。

功能分：为鉴定性状线性评分的功能分。

权重：为鉴定性状在部位评分中之权重。

加权分：为鉴定性状和参于计分的性状的加权分，即：功能分 $\times$ 权重。

Σ_2：为部位评分中之缺陷性状扣分总和，严重缺陷加被扣分。

(二) 各部位评分之性状与功能分、加权份表

1. 结构与容量

线型形状	权重	评分	1	2	3	4	5	6	7	8	9
体高	15%	功能分	55	65	70	75	85	90	95	100	95
		加权分	8.25	9.75	10.5	11.3	12.75	13.5	14.25	15	41.25
前段	8%	功能分	55	65	70	75	80	90	100	90	85
		加权分	4.44	5.2	5.6	6	6.4	7.2	8	7.2	6.8
体躯大小	20%	功能分	55	60	65	75	80	85	90	95	100
		加权分	11	12	13	115	16	17	18	19	20
胸宽	29%	功能分	55	60	65	70	75	80	85	90	95
		加权分	15.95	17.4	18.85	20.3	21.75	23.2	24.65	26.1	27.55
体深	20%	功能分	55	65	70	75	80	90	95	90	85
		加权分	11	13	14	15	16	18	19	18	17
腰强度	8%	功能分	55	60	65	70	75	80	85	90	95
		加权分	4.4	4.8	5.2	5.6	6	6.4	6.8	7.2	7.6

缺陷性状		
序号	一般	严重
1	3	6
2	2	4
3	2	4
4	2	4
5	2	4
6	2	4
7	2	4
8	2	4
9	2	4

2. 尻部

线型 形状	权重	评分	1	2	3	4	5	6	7	8	9	缺陷性状		
												序号	一般	严重
尻角度	36%	功能分	55	65	70	80	90	80	75	70	65	10	4	8
		加权分	19.8	23.4	25.2	28.8	32.4	28.88	27	25.2	23.4	11	2	4
尻宽	42%	功能分	55	60	65	70	75	79	82	90	95	12	2	4
		加权分	23.1	25.2	27.3	29.4	31.5	33.18	34.44	37.8	39.9	13	2	4
腰强度	22%	功能分	55	60	65	70	75	80	85	90	95	14	2	4
		加权分	12.1	13.2	14.3	15.4	16.5	17.6	18.7	19.8	20.9	15	3	6

3. 肢蹄

线型 形状	权重	评分	1	2	3	4	5	6	7	8	9	缺陷性状		
												序号	一般	严重
蹄角度	20%	功能分	55	65	70	76	81	90	100	95	85	16	2	4
		加权分	11	13	14	15.2	16.2	18	20	19	17	17	3	6

线型形状	权重	评分	1	2	3	4	5	6	7	8	9
蹄踵深度	20%	功能分	55	65	70	75	80	85	90	95	100
		加权分	11	13	14	15	16	17	18	19	20
蹄瓣均衡			评分 3~4分，扣3分，1~2分，扣6分								
骨质地	20%	功能分	55	65	70	75	80	85	90	95	100
		加权分	11	13	14	15	16	17	18	19	20
后肢侧视	20%	功能分	55	65	75	80	95	80	75	65	55
		加权分	11	13	15	16	19	16	15	13	11
后肢后视	20%	功能分	55	60	65	70	75	80	87	95	100
		加权分	11	12	13	14	15	16	17.4	19	20

缺陷性状		
序号	一般	严重
18	2	4
19	1	2
20	2.5	5
21	2	4
22	2	4

4. 乳房

乳房评分=前乳房评分×0.45+后乳房评分×0.55

（1）前乳房

线型形状	权重	评分	1	2	3	4	5	6	7	8	9	缺陷性状 序号	一般	严重
乳房附着	35%	功能分	55	60	65	70	75	80	85	90	95	乳房评分中扣分		
		加权分	24.75	27	29.25	31.5	33.75	36	38.25	40.25	42.75	23	2.5	5
乳头位置	20%	功能分	55	65	75	80	85	90	85	80	75	24	2.5	5
		加权分	11	13	15	16	17	18	17	16	15	25	2.5	5
乳头长度	5%	功能分	55	60	65	75	90	75	70	65	55	前乳房评分中扣分		
		加权分	2.75	3	3.25	3.75	4.5	3.75	3.5	3.25	2.75	26	2	4
乳房深度	8%	功能分	55	65	75	85	95	85	75	65	55	27	2	4
		加权分	4.4	5.2	6	6.8	7.6	6.8	6	5.2	4.4	28	3	6
乳房质地	12%	功能分	55	60	65	70	75	80	85	90	95	29	2	4
		加权分	6.6	7.2	7.8	8.4	9	9.6	10.2	10.8	11.4	30	2	4
中悬韧带	10%	功能分	55	60	65	70	75	80	85	90	95	31	2.5	5
		加权分	5.5	6	6.5	7	7.5	8	8.5	9	9.5	32	5	10

(2) 后乳房

线型形状	权重	评分	1	2	3	4	5	6	7	8	9	序号	一般	严重
													缺陷性状	
													后乳房评分中扣分	
后房高度	23%	功能分	55	65	70	75	80	85	80	95	100	33	3	6
		加权分	12.65	14.95	16.1	17.25	18.4	19.55	20.7	21.85	23			
后房宽度	23%	功能分	55	65	70	75	80	85	90	95	100	34	2	4
		加权分	12.65	14.95	16.1	17.25	18.4	19.55	20.7	21.85	23			
乳头位置	14%	功能分	55	60	65	75	90	75	70	65	55	35	2	4
		加权分	7.7	8.4	9.1	10.5	12.6	10.5	9.8	9.1	7.7			
乳房深度	15%	功能分	55	65	75	85	95	85	75	65	55	36	2	4
		加权分	6.6	7.8	9	10.2	11.4	10.2	9	7.8	6.6			
乳房质地	14%	功能分	55	60	65	70	75	80	85	90	95	37	2.5	5
		加权分	7.7	8.4	9.1	9.8	10.5	11.2	11.9	12.6	13.3			
中悬韧带	14%	功能分	55	60	65	70	75	80	85	90	95	38	5	10
		加权分	7.7	8.4	9.1	9.8	10.5	11.2	11.9	12.6	13.3			

（3）乳用特征

线型 形状	权重	评分	1	2	3	4	5	6	7	8	9	缺陷性状		
												序号	一般	严重
棱角性	60%	功能分	55	65	70	74	78	81	85	90	95	39	2	4
		加权分	33	39	42	44.4	46.8	48.6	51	54	57			
骨质地	10%	功能分	55	65	70	75	80	85	90	95	100			
		加权分	5.5	6.5	7	7.5	8	8.5	9	9.5	10			
乳房质地	15%	功能分	55	60	65	70	75	80	85	90	95			
		加权分	8.25	9	9.75	10.5	11.25	12	12.75	13.5	14.25			
胸宽	15%	功能分	55	60	65	70	75	80	85	90	95			
		加权分	8.25	9	9.75	10.5	11.25	12	12.75	13.5	14.25			

二、体型外貌总分计算方法

(一) 计算公式

体型外貌总分＝Σ(部位评分×加权系数)

Σ：体型线性鉴定之五个分类部位。

部位评分：体型线性鉴定之分类部位评分的得分。

加权系数：部位评分在体型外貌总分中之权重。

(二) 各分类部位在体型外貌总分中之权重

分类部位	结构与容量	尻部	肢蹄	乳房	乳用特征
权重	18％	10％	20％	40％	12％

本规程及鉴定标准和计算办法，由西安张文志撰写。本规程最终解释权归西安奶牛繁育中心遗传育种室张文志同志所有。

7 附录

荷斯坦母牛体型线性鉴定表

牛号		牛场		鉴定日		产犊日
父号		母号		外祖父号		出生日
胎次		乳房空满		级别		总分

鉴定员：

分类	5分	描述性状		得分		描述性状	缺陷性状
结构/容量 (18%)	140 cm 等高	低	体高	1 2 3 4 5 6 7 8 ⑨	高		11. 面部不紧凑　17. 束腰
	等高	低	前段	1 2 3 4 5 6 ⑦ 8 9	高		12. 头型不理想　18. 胸窄
	530 kg	小	大小	1 2 3 4 5 6 7 8 ⑨	大		13. 双肩峰　19. 体弱
	25 cm	窄	胸宽	1 2 3 4 5 6 7 8 ⑨	宽		14. 背腰不平
	腹胸	浅	体深	1 2 3 4 5 6 7 8 9	深		15. 整体不均称
	腹胸	弱	腰强度	1 2 3 4 5 6 7 8 ⑨	强		16. 肋骨不开张
尻部 (20%)	4 cm	高	尻角度	1 2 3 ④ 5 6 7 8 9	低		21. 肛门向前　24. 尾根向前
	20 cm	窄	尻宽	1 2 3 4 5 6 7 8 ⑨	宽		22. 尾根凹　25. 尾歪
							23. 尾根高　26. 髋关节过后

类别	测定值	性状	左侧描述	评分	右侧描述	缺陷项目
肢蹄 （20%）	45°	蹄角度	低	1 2 3 4 5 6 ⑦ 8 9	陡	31. 系软
		蹄瓣均衡	不均衡	1 2 3 4 5 6 7 ⑧ 9	均衡	32. 后肢抖
	2 cm	蹄踵深度	浅	1 2 3 4 5 6 7 8 9	深	34. 飞节粗糙
		骨质地	粗圆	1 2 3 4 5 6 7 8 9	细平	36. 蹄叉
	145°	后肢侧视	直	1 2 3 4 ⑤ 6 7 8 9	弯	37. 前踏/后踏
		后肢后视	X形	1 2 3 4 5 6 7 8 9	平行	38. 过于纤细
						39. 前蹄外向
泌乳系统 （40%）	8 cm	乳房深度	深	1 2 3 4 ⑤ 6 7 8 9	浅	41. 乳房形状差
		乳房质地	肉质	1 2 3 4 5 6 7 ⑧ 9	腺质	42. 前吊
	3 cm	悬韧带	弱	1 2 3 4 5 6 7 ⑧ 9	强	43. 后吊
前乳房		前乳房附着	弱	1 2 3 4 5 6 7 ⑧ 9	强	51. 膨大
	中间	前乳头位置	向外	1 2 3 4 ⑤ 6 7 8 9	向内	52. 前乳房肥腻
	5 cm	前乳头长度	短	1 2 3 4 ⑤ 6 7 8 9	长	53. 前乳房左右不均
						54. 前乳房短
						55. 乳头不垂直
						56. 前乳头有小奶
						57. 有赘乳区
后乳房	24 cm	后附着高度	低	1 2 3 4 5 6 7 8 ⑨	高	61. 左右不均
	14 cm	后附着宽度	窄	1 2 3 4 5 6 7 ⑧ 9	宽	62. 后乳头短
	中间	后乳头位置	向外	1 2 3 4 ⑤ 6 7 8 9	向内	64. 乳头位置过后
						65. 后乳头有小奶
乳用特征 （12%）		棱角性	缺乏	1 2 3 4 5 6 7 8 ⑨	明显	82. 肋间近